The Belt and Road

中国土木工程学会
中国建筑业协会　联合策划
中国施工企业管理协会

"一带一路"上的中国建造丛书
China-built Projects along the Belt and Road

The Longest Dream Tunnel:

Qamchiq Railway Tunnel in Uzbekistan

洪开荣　李红军　主编

最长的梦想隧道
——乌兹别克斯坦卡姆奇克铁路隧道

中国建筑工业出版社

专家委员会

丛书编委会

丛书编委会办公室

本书编委会

主　　编：洪开荣　李红军

副主编：王　华　刘成禹

参编人员：周校光　　胡红卫　　刘陈玉　　程　莹　　李华坤　　张　志

　　　　　翟飞飞　　肖晨裕　　马　俊　　张德尚　　常孔磊　　郭志武

　　　　　刘　一　　王天舒　　尚永超　　谢大文　　黄元庆　　邓　伟

　　　　　唐长兵　　蒋　华　　陈　卫　　侯占鳌　　赵海龙　　张俊波

　　　　　何小亮　　庞　佳　　董海军　　薛晶晶　　郭卫社　　常　翔

　　　　　冯欢欢　　王进志　　余世为　　范佐洪　　石涵瑜　　彭艳雯

主编单位：中铁隧道局集团有限公司　福州大学

前　言

乌兹别克斯坦安格连-帕普单线电气化铁路(简称安-帕铁路)是连接中亚和欧洲"新丝绸之路经济带"铁路网重要组成部分，全长122.7km，其中由中铁隧道局集团承建的长19.2km的卡姆奇克铁路隧道是"中亚第一长隧"，也是乌兹别克斯坦国家铁路网的咽喉所在，为全线控制性工程，是该国建国25周年献礼工程，被列为乌兹别克斯坦"总统一号工程"，也是中乌共建"一带一路"互联互通合作的示范性项目，被誉为"一带一路上的奇迹"。

本工程为EPC总承包项目，合同金额4.55亿美元，于2013年7月29日开工建设，2016年2月25日全隧贯通，2016年6月22日通车运营。

项目重点、难点主要体现在：工程规模大，施工组织难度高；地质条件恶劣，工期压力大；岩爆频发，安全风险极高；七条超宽断层，施工技术难度大；独头通风距离长，作业环境达标难度大；气候严寒、冬期漫长，质量控制难度大。

通过全方位机械化施工、岩爆科研攻关、方案适时优化、制定针对性考核办法等技术手段和管理措施，在保证安全质量前提下，创造了服务隧道最高月进度指标281.5m，正洞最高月进度指标342.6m，斜井最高月进度指标325.5m施工纪录，共用时900天完成总长47.3km（包括主隧道、安全隧道、斜井、联络通道）的隧道开挖施工，提前施工组织计划100天实现全隧贯通。

依托本工程开展了《特长单线铁路隧道机械化配套应用研究》《岩爆预测及防治技术研究》，并形成了特长单线铁路隧道机械选型技术、特长单线铁路隧道机械化配套适应性改造技术、特长单线铁路隧道机械化配套技术、卡姆奇克隧道岩爆发生规律与特征、岩爆预测预报技术、岩爆综合防治技术、岩爆安全快速施工技术等一系列科研成果。

项目荣获2016—2017年度中国建设工程鲁班奖（境外工程），荣获第十六届中国土木工程詹天佑奖及詹天佑奖创新集体，应用成果获得发明专利7项、省部级工法2项，获得省部级科研成果一等奖1项、二等奖1项、三等奖2项。

本书共三篇11章。第一篇为综述，由3章构成，第一章为项目简介，第二章为国家概况，第三章为项目意义。第二篇为项目建设，由5章构成，第四章为工程概况，第五章为施工部署，第六章为主要管理措施，第七章为关键施工技术，第八章为成果及经验交流。第三篇为合作共赢与展望，由3章构成，第九章为政治、经济及民生方面的意义及影响，第十章为合作共赢与展望，第十一章为项目成果展示。

福州大学刘成禹教授及团队对本项目的科研攻关做出了大量卓有成效的工作，在此表示衷心感谢，同时借此对项目所有的参建者、本书所有的参编者表示衷心感谢。

本书虽经过长时间精心准备，多次的审查与修改，但由于编者能力水平，仍难免存在疏漏和不足，恳请广大读者提出宝贵意见，为隧道建设的技术进步共尽我们的绵薄之力。

Preface

The Angren–Pop Single-Track Electrified Railway in Uzbekistan (Angren–Pop Railway for short) is an important part of the railway network connecting Central Asia and the European "New Silk Road Economic Belt", with a total length of 122.7 km, of which 19.2 km of Qamchiq Tunnel undertaken by China Railway Tunnel Group is the "Central Asia's Longest Tunnel", and also the throat of the national railway network of Uzbekistan and is the critical works of the whole line. It is a gift project for the 25th anniversary of the founding of the Republic of Uzbekistan, listed as the "President No.1 Project" of Uzbekistan, and also a demonstration project for interconnection and cooperation between China and Uzbekistan on the Belt and Road. It is praised as a "Belt and Road Miracle".

The Project is an EPC contracting project, with a contract price of 455 million USD. It commenced on July 29, 2013, was completed on February 25, 2016, and opened to traffic on June 22, 2016.

The key and difficult points of the project mainly include large project scale and difficult construction organization, bad geological conditions, tight construction period, high safety risk due to frequent rockbursts, seven ultra-wide faults, great construction technical difficulty, long ventilation distance of blind tunnel, great difficulty in reaching the standard in the working environment, severe cold climate, long winter, and difficult quality control.

With technical means and management measures such as all-round mechanized construction, scientific research of rockburst, timely optimization of the scheme, formulation of targeted assessment methods, on the premise of ensuring safety and quality, the highest monthly progress indicator of the service tunnel of 281.5m, the highest monthly progress indicator of the main tunnel of 342.6 m, and the highest monthly progress indicator of the inclined shaft of 325.5 m were created. It takes 900 days to complete the tunnel excavation construction with a total length of 47.3 km (including the main tunnel, service tunnel, inclined shaft, and connecting channel), 100 days ahead of schedule to complete the whole tunnel.

Based on the Project, a series of scientific research achievements have been developed, including Research on Supporting Application for Mechanization of Extra-long Single-Track Railway Tunnels, Research on Rock Burst Prediction and Prevention Technology, and a series of scientific research achievements have been formed, including mechanization selection technology of extra-long single-track railway tunnels, adaptability transformation technology of mechanization supporting technology of extra-long single-track railway tunnels, mechanization supporting technology of extra-long single-track railway tunnels, rockburst occurrence law and characteristics of Qamchiq Tunnel, rockburst prediction and forecast technology, comprehensive rockburst prevention technology, and rockburst safety and rapid construction technology.

The Project won the Luban Prize for Construction Projects in China in 2016-2017 (Overseas Projects); Tien-yow Jeme Civil Engineering Prize and the Tien-yow Jeme Civil Engineering Prize Innovation Group. It has obtained 7 patents for invention, 2 provincial and ministerial construction methods, 1 first prize, 1 second prize, and 2 third prizes for provincial and ministerial scientific research achievements.

The book consists of 3 parts and 11 chapters. The first part is an overview, consisting of three chapters. Chapter 1 is the project profile. Chapter 2 is the country overview. Chapter 3 is the significance of the project. The second part covers the project construction, consisting of 5 chapters. Chapter 4 is the project overview. Chapter 5 is the construction deployment. Chapter 6 is the main management measures. Chapter 7 is the key construction technology. Chapter 8 is the achievements and experience exchange.The third part covers the cooperation win-win and prospect, which consists of three chapters. Chapter 9 is the significance and influence of political, economic, and people's livelihood. Chapter 10 is the cooperation win-win and prospect, and Chapter 11 is the display of project achievements.

Professor Liu Chengyu and his team at Fuzhou University have done a lot of effective work for the scientific research of the Project, and hereby we express our heartfelt thanks to all the participants of the Project and all the participants of this book.

Although this book has been carefully prepared for a long time and reviewed and modified many times, but limited by the level of editorial ability, it is still inevitable to have omissions and deficiencies. We invite the readers to put forward valuable opinions and make joint efforts for the technical progress of tunnel construction.

目 录

Contents

第一篇

综　述

乌兹别克斯坦安格连-帕普单线电气化铁路(简称安-帕铁路)是连接中亚和欧洲"新丝绸之路经济带"铁路网重要组成部分,其中由中铁隧道局集团承建的长19.2km的卡姆奇克隧道是"中亚第一长隧",被列为乌兹别克斯坦"总统一号工程",也是中乌共建一带一路互联互通合作的示范性项目,被誉为"一带一路上的奇迹"。本篇介绍了项目概况、项目所在地乌兹别克斯坦的国情、项目的商务运作模式及项目建设对中乌两国的重大意义。

The Angren–Pop Single-track Electrified Railway in Uzbekistan (the Angren–Pop Railway for short) is an important part of the railway network connecting Central Asia and the European "New Silk Road Economic Belt". The 19.2 km-long Qamchiq Tunnel of the Angren–Pop Railway constructed by CRTG is the "Central Asia's Longest Tunnel", listed as the "President Project No. 1" of Uzbekistan, and a demonstration project for interconnection and cooperation between China and Uzbekistan on the Belt and Road. It is praised as a "Belt and Road Miracle". In this part, the Project profile, the country profile of Uzbekistan, the commercial operation mode and the Project significance to China and Uzbekistan are introduced.

Part I

Overview

第一章　项目简介
Chapter 1　Project Profile

第一节　建设概况

乌兹别克斯坦安格连(Angren)–帕普(Pop)单线电气化铁路(简称安–帕铁路)是连接中亚和欧洲"新丝绸之路经济带"铁路网重要组成部分,全长122.7km,其中由中铁隧道局集团承建的长19.2km的卡姆奇克铁路隧道是"中亚第一长隧",也是乌兹别克斯坦国家铁路网的咽喉所在,为全线控制性工程,是该国建国25周年献礼工程,被列为乌兹别克斯坦"总统一号工程",也是中乌共建"一带一路"互联互通合作的示范性项目,被誉为"一带一路上的奇迹"。

本工程为EPC总承包项目,合同金额4.55亿美元,于2013年7月29日开工建设,2016年2月25日全隧贯通,2016年6月22日通车运营。

建设单位:乌兹别克斯坦国家铁路公司。

设计单位:中铁隧道勘测设计院有限公司。

监理单位:德铁国际(DBI)。

承建单位:中铁隧道局集团有限公司。

参建单位:中铁隧道股份有限公司;

中铁隧道局集团一处有限公司;

中铁隧道勘测设计院有限公司;

中铁隧道局集团机电工程有限公司。

第二节　设计概况

(一)工程概述

本隧道为乌兹别克斯坦安格连–帕普单线电气化铁路控制性工程,隧道位于乌兹别克斯坦共和国纳曼干省巴比斯科区域内,通过库拉米山,穿越库伊尼德及萨尼萨拉克萨伊河流域。

隧道进口端位于塔什干州安格连境内,进口位于峡谷内,靠近A373公路,距离A373公路约3km;出口端位于纳曼干州境内,出口邻近既有乡村公路。隧道设计为单线铁路隧道，平行于隧道走向在隧道的左侧设安全隧道，作为运营期间隧道检修、人员疏散通道。

　　主隧道进口里程为MK39+135，出口里程为MK58+335，隧道全长19200m；安全隧道进口里程为SK00+000，出口里程为SK19+268，隧道总长19268m。主隧道与安全隧道中线间距29m，隧道最大埋深约1275m。

（二）线路情况

　　主隧道及安全隧道均位于直线段，隧道内设计为"人"字坡，主隧道进口轨顶标高为1326.464m，进入隧道后以20‰（11430m）上坡，然后以10.765‰（7770m）下坡至隧道出口，隧道出口轨顶标高为1471.418m。

　　安全隧道以20‰（11465m）上坡，然后以10.764‰（7803.5m）下坡至隧道出口。变坡点处设半径为10000m竖曲线。

（三）隧道限界

　　隧道内净空设计须满足建筑限界和设备专业安装要求，主隧道内轨顶面以上有效净空面积为32.97m²，如图1-1、图1-2所示。

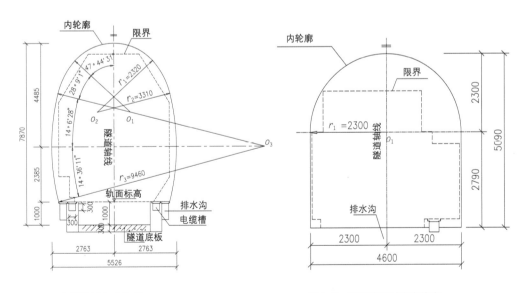

图1-1　主隧道衬砌内轮廓　　　　　　　　图1-2　安全隧道衬砌内轮廓

（四）辅助坑道设计

本隧道为全线控制工期工程，综合考虑地质条件、地形条件、工期、工程投资等因素，本隧道通过斜井辅助施工，全隧设置3座双车道斜井，根据施工机械配置及工期，斜井路面宽度设计为6.6m。3座斜井均为临时工程，施工结束后封堵废弃，如表1-1和图1-3所示。

斜井设置方案

表1-1

斜井编号	辅助坑道与主线交点里程	与主隧道平面夹角	斜井长度（m）	斜井综合坡度（%）	运输方式
1号	MK43+790	45°	1532	9.45	无轨
2号	MK48+800	45°	3512	11.12	无轨
3号	MK52+730	45°	1845	10.92	无轨

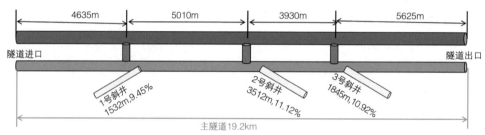

图1-3　斜井设置示意图

（五）工程及水文地质情况

1. 地形地貌

隧道进口位于Angren市东北处，距塔什干约135km，离既有A373公路直线距离约3km，洞口河流常年有流水，水资源较丰富，水质清澈。

隧道出口位于Dangara西北处Chodark山村小路旁，周边冲沟发育，冲沟内常年有流水，水资源较丰富，水质清澈。

2. 气象水文

隧址区年平均气温5.6℃，7月最热，平均气温为18℃，绝对气温最高达35℃；冬季寒冷、时间长，1月最冷，平均气温为–6 ~ –3℃，绝对最低气温为–36℃。

乌兹别克斯坦年均降水量平原低地为80 ~ 200mm，山区为1000mm，大部分集中在冬春两季，冬季暴雪发生的平均天数27d，雪覆盖层的平均高度为80~100cm，最大厚度达250cm。

隧道经过地区地表水发育，沿线河流、水库、长年流水的沟谷密布。

3. 地质构造

隧址区断裂构造发育，主要为西北–东南走向，地震活跃。受其影响，节理裂隙发育，多期构造影响下岩石混合变质作用明显，岩性接触带、岩脉发育。区域在地质构造运动过程中形成巨大的背斜及发生强烈的位移，背斜形成高度复杂的褶皱及西北–东南走向的大断裂带，隧道穿越七个大的断层，断层与隧道轴向夹角约30°，为不利构造。

4. 地层岩性

隧址区围岩发育情况主要有第四系全新统崩积层、第四系坡积层、下三叠统侵入岩石、喷发型及喷发 – 沉积岩石、三叠系岩脉。根据现场踏勘，隧道进口段发育§–γ§T1花岗闪长岩，主要成分为石英、长石，出口段发育C1n – C2mb21混合岩，洞身段发育P2 – T1kz1沉积岩、岩浆岩及凝灰岩等。

5. 不良地质条件

地震：根据乌兹别克斯坦建筑标准《地震区域施工》2.01.03—96要求，隧址区域属于MSK 9° 地震烈度区。

高地应力及岩爆：测区地层岩性主要为硬岩（6~8）、极硬岩（8~11），隧道最大埋深约1275m，隧道可能存在高地应力影响并可能发生岩爆现象。

辐射：本隧道γ数值远低于安全值，环境辐射水平正常，满足辐射安全要求，不会对周围环境和施工人员身体健康造成影响。

（六）主要技术标准

铁路等级：Ⅲ级。

正线数目：单线。

设计时速：63km/h，最高90km/h。

限制坡度：最大坡度20‰，最大坡度差10‰。

竖曲线半径：10000m。

牵引种类：电力。

第三节　施工概况

（一）主要工程内容

主隧道19200m、安全隧道19268m、1号斜井井身1532m、2号斜井井身3512.8m、2号斜井支洞272.5m、3号斜井井身1845m。

洞身开挖179万m³，衬砌混凝土20.2万m³，防水材料70万m²，喷射混凝土10.5万m³，斜井3座，洞门4座。消防、通风、照明、通信系统等机电设备安装。

（二）施工任务划分

共划分为进口、1号斜井、2号斜井、3号斜井、出口5个施工工区，各工区施工任务量见图1-4。

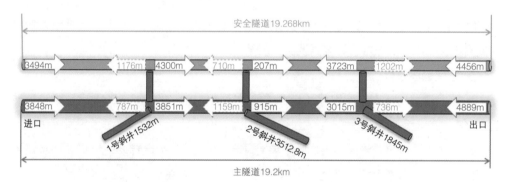

图1-4　施工任务划分示意图

（三）施工进度指标

安全隧道最高月进度指标281.5m、最高平均进度指标210.6 m，主隧道最高月进度指标342.6m、最高平均进度指标213m，斜井最高月进度指标325.5m、最高平均进度指标174.5m，见表1-2。

施工进度统计表　　　　　　　　表1-2

隧道类别	工区	运输方式	平均月进度（m）	最高月进度（m）
主洞开挖	进口主洞	无轨	173.3	245.6

隧道类别	工区	运输方式	平均月进度（m）	最高月进度（m）
主洞开挖	出口主洞	无轨	213.0	342.6
	1号斜井主洞进口方向	无轨	115.3	187.6
	1号斜井主洞出口方向	无轨	167.8	243.2
	3号斜井主洞进口方向	无轨	109.1	200.3
	3号斜井主洞出口方向	无轨	73.6	152.1
安全洞开挖	进口安全洞	有轨	177.2	257.5
	出口安全洞	有轨	210.6	281.5
	1号斜井安全洞进口方向	无轨	135.6	212.2
	1号斜井安全洞出口方向	无轨	188.3	265.8
	3号斜井安全洞进口方向	无轨	146.0	197.9
	3号斜井安全洞出口方向	无轨	142.9	207.0
斜井开挖	1号斜井	无轨	174.5	325.5
	2号斜井	无轨	170.9	318.9
	3号斜井	无轨	168.4	221.5

（四）总体完成情况

卡姆奇克铁路隧道是目前为止中国企业在国外承建的最长铁路隧道，项目攻克了岩爆世界性难题，成功穿越了7条超宽地质断层，运用全方位机械化配套技术，用时900d完成总长47.3km（包括主隧道、安全隧道、斜井、联络通道）的隧道开挖，提前施工组织计划100d，实现了隧道安全、优质贯通。项目的成功实施受到乌兹别克斯坦总统和总理、国家铁路公司和监理单位德国DBI的高度肯定。乌兹别克斯坦国家电视台、乌兹别克斯坦新闻网和信息网、俄罗斯锐澳网、《东方真理报》等多家国外媒体，人民日报、新华网、中央电视台等国内媒体多次对该隧道攻克岩爆、涌水、长大断层等技术难题，以及提前贯通进行了跟踪报道。

2016年6月22日，国家主席习近平与乌兹别克斯坦时任总统卡里莫夫共同按下本隧道正式通车的按钮，两国元首共同见证了这一历史性时刻。

项目荣获2016—2017年度中国建设工程鲁班奖（境外工程）和第十六届中国土木工程詹天佑奖。

第二章 国家概况
Chapter 2　Country Profile

　　"乌兹别克斯坦"在乌兹别克斯坦语中为"自己统治自己""自己是自己的主人"，即"独立"之意。9～11世纪，乌兹别克斯坦民族形成。14世纪中叶，阿米尔·帖木儿建立以撒马尔罕为首都的庞大帝国。16～18世纪，布哈拉汗国、希瓦汗国和浩罕国建立。19世纪60～70年代，部分领土（现撒马尔罕州和费尔干纳州）并入现今俄罗斯。1917～1918年建立苏维埃政权，1924年10月成立乌兹别克斯坦苏维埃社会主义共和国并加入苏联，成为苏联15个加盟共和国之一。苏联解体后，于1991年8月31日宣布独立。1991年9月1日起正式脱离苏联，成为独立的主权国家，改国名为乌兹别克斯坦共和国，并将这一天定为国家独立日，乌兹别克斯坦从此步入了新的发展时期。

第一节　基本概况

　　乌兹别克斯坦是位于中亚腹地的"双内陆国"，其五个邻国均无出海口；北部和东北与哈萨克斯坦接壤，东部、东南部与吉尔吉斯斯坦和塔吉克斯坦相连，西与土库曼斯坦毗邻，南部与阿富汗接壤；国土面积44.74万km²，东部为山地，海拔1500~3000m，最高峰4643m；中西部为平原、盆地、沙漠，海拔0~1000m，约占国土面积的三分之二；全境平均海拔200～400m。乌兹别克斯坦属东5时区，比北京时间晚3h；全国共划分为1个自治共和国（卡拉卡尔帕克斯坦共和国）、12个州和1个直辖市（塔什干市）；按人口数量，首都塔什干是中亚最大，独联体内仅次于莫斯科、圣彼得堡和基辅的第四大城市，其他主要经济、旅游城市有布哈拉市、撒马尔罕市、纳曼干市。

第二节　人口宗教

　　乌兹别克斯坦人口约3400万，城市人口占总人口的51%，主要集中在中部、东部和南部，西部和北部沙漠地区人烟稀少。乌兹别克斯坦共有134个民族，乌兹别克斯坦族占78.8%。乌兹别克斯坦语为国语，俄语为通用语。乌兹别克斯坦语属阿尔泰语系、突厥语族，现使用拉丁字母拼写。乌兹别克斯坦人大多信奉伊斯兰教，信徒占人口总数90%以上，属于政教分离的国家，其次为东正教。乌兹别克斯坦的社会治安总体较好，没有反政府武装组织，未发生过恐怖袭击，但每年年末，刑事、偷盗和抢劫案件会增加，社会治安形势会相对恶化。当地居民不允许持有枪支。

第三节　经济资源

乌兹别克斯坦货币为苏姆，自2017年9月5日起取消外汇兑换管制。截至目前，乌兹别克斯坦本币兑美元呈贬值趋势。人民币和苏姆不能直接兑换。乌兹别克斯坦当前政治环境稳定，经济发展趋势向好。2018年GDP年增长5.1%，2019年增长5.6%，2020年增长1.6%（受新冠疫情影响）。

乌兹别克斯坦资源丰富，国民经济支柱产业为"四金"：黄金、"白金"（棉花）、"乌金"（石油）、"蓝金"（天然气）。矿产资源储量总价值约为3.5万亿美元。现探明有近100种矿产品，其中，黄金探明储量3350t（世界第4），石油探明储量为1亿t，凝析油已探明储量为1.9亿t，已探明的天然气储量为3.4万亿m^3，煤储量为19亿t，铀储量为18.58万t（世界第7），铜、钨等矿藏也较为丰富。截至目前，乌兹别克斯坦天然气开采量居世界第11位，黄金开采量居第9位，铀矿开采量居第5位。非金属矿产资源有钾盐、岩盐、硫酸盐、矿物颜料、硫、萤石、滑石、高岭土、明矾石、磷钙土以及建筑用石料等。动物资源包括97种哺乳动物、379种鸟类、58种爬行类动物和69种鱼。植物资源有3700种野生植物。森林总面积为860多万hm^2，森林覆盖率为12%。

第四节　营商环境

乌兹别克斯坦贸易主管部门是乌兹别克斯坦外贸部，其前身为对外经济关系、投资与贸易部。2017年4月14日，乌兹别克斯坦总统米尔济约耶夫签署命令，改组为外贸部。主要贸易法规有：《对外经济活动法》《出口监督法》《保护措施、反倾销及补偿关税法》及《关税税率法》等。

乌兹别克斯坦主管投资及外国投资的机构主要为国家投资委员会、经济部和财政部。吸引投资的主要法律、文件有：《外国投资法》《投资活动法》《关于保护外国投资者权益条款及措施法》《保护私有财产和保证所有者权益法》《保证企业经营自由法》（新版）及《关于促进吸引外国直接投资补充措施》的总统令等，没有出台禁止、限制外国投资的法律法规。

乌兹别克斯坦实行的是属地税制，主要税赋种类包括个人所得税、法人财产税、增值税、消费税等。2018年，为进一步降低税负，政府进行了大规模税费调整，其中，养老金缴费、教育和医疗机构物质技术基础发展基金缴费、共和国道路基金缴费被合并为国家信托基金缴费，企业缴费比例从之前的3.5%降至3.2%，企业法人所得税（7.5%）和社会基础设施发展税（15.5%）合并为大型组织所得税，税率降至14%。

乌兹别克斯坦政府环保部门为乌兹别克斯坦国家环境保护委员会，涉及环保的法律有28部，其中最主要的有：《辐射安全法》《自然保护法》《自然区特别保护法》《水及水利用法》《动物世界保护及利用法》《合理利用能源法》《森林法》《大气保护法》《土地法典》《危险生产项目工业安全法》等。

第五节　项目招标

乌兹别克斯坦主要通过国际金融机构融资发布项目招标信息，近年来当局在光伏、风电、交通等领域大力推动PPP模式招标。招标信息发布渠道主要有投资与外贸部网站、网络媒体、国际金融机构招标网站等。重大项目可获颁总统令，享受免税政策。项目业主一般为国家相关部委、国有企业等。对由国际金融机构融资的项目外企多以PE公司（常设机构）形式、以总统令为基础实施，私营单位融资的项目多以有限责任公司或其他企业形式实施。

乌兹别克斯坦针对外国企业的招标信息通常以三种方式发布：①刊登在发行量最广的定期刊物、报纸上，如当地的《人民言论报》《东方真理报》等。②发布在网站上，如乌兹别克斯坦外贸部网站，乌兹别克斯坦国家建筑和建设委员会网站和乌兹别克斯坦信息投资署网站等。③分发给外国驻乌兹别克斯坦使（领）馆。

工程招标的方式主要有两种：开放式和封闭式。对承包商的要求主要表现在专业方面，如流动资金额不低于竞标项目总额的20%，或有同等金额的银行保函，公民的权利能力及签订合约的委任书，注册资本金，具有完成类似竞标项目的施工经验，早前以自有能力完成施工项目的业绩（施工量），拟以自有能力完成竞标项目的工程量（百分比）。发包人还可向承包商提出其他要求，如有些项目要求承包商首先获取许可证。目前，乌兹别克斯坦倾向于采取国际公开招标方式，让竞标企业充分竞争。

第六节　建设规定

外企承包乌兹别克斯坦当地工程的相关规定：①业主向施工现场委派己方代表作为技术监理，代表业主对作业质量进行监督，对承包方使用的材料、设备等是否符合合同条件及作业要求进行检查。通常聘请国际专业的监理公司，但个别项目由业主人员作为技术监理。②技术监理在整个施工现场及合同期有权无阻碍进入所有作业现场。③承包方为技术监理提供办公场所。技术监理及承包方在施工现场定期会晤协商解决施工过程中的问题。④承包方根据施工作业设计方案、施工计划和进度表自行安排项目施工作业。⑤承包方与国家建筑施工监督机构协商项目施工程序并依法为遵守该程序承担责任。⑥承包方保证：使用的施工材料、设备及配件、构件及质量需符合设计材料明细表中规定的国家标准、技术条件并具有相应的品质证书、技术证明或其他能证明其质量的文件。⑦承包商提前两天书面通知发包单位及国家建筑施工监督检查部门开始接收个别构件及准备好潜在作业。

对于3类工程，如桥梁和隧道的设计、建设、运营和维修；军事、国防设施的设计、建设、运营及维修；高风险及潜在危险生产部门项目的设计、建设及运营必须获得许可证后才有资格竞标。需办理许可领域：编制建筑、城建文件；进行建设项目评定；高空维修、建设、安装工作；桥梁和隧道的设计、建设、运营和维修；军事、国防设施的设计、建设、运营及维修；高风险及潜在危险生产部门项目的设计、建设及运营。

项目施工前，设计须经过乌兹别克斯坦国家相关部委审批，例如乌兹别克斯坦国家建设部、国家工业安全委员会下属工矿局等。个别作业领域需要办理许可资质，例如爆破作业、火工品采购、仓储、运输等，火工品运输过程中须取得工矿局和内务部的相关证明和许可。

第三章 项目意义

Chapter 3　Significance of Project

　　安-帕铁路是中乌共建"一带一路"的重大成果,也是中乌两国人民友谊与合作的新纽带。卡姆奇克隧道的贯通,极大改善了当地居民的出行难题,实现了群山阻隔的两地人民几十年的梦想,也有力促进了乌兹别克斯坦铁路事业和当地经济社会发展,为"一带一路"共建、共享、共赢贡献了中国智慧,成为中国建造"走出去"的标志性工程。

第一节　促进当地稳定发展

　　乌兹别克斯坦东北部的费尔干纳盆地物产丰饶,全国约三分之一人口生活在这个面积不到2万km²的盆地内。由于盆地与首都塔什干没有直通铁路,公路路况较差且受气候影响较大,当地居民往往只能绕经邻国前往塔什干。长19.2km的卡姆奇克隧道的建成通车,解决了费尔干纳约1000万人的出行问题,同时也是保证乌兹别克斯坦国家政局稳定的需要。

第二节　密切中乌友好合作

　　2016年6月22日,正在乌兹别克斯坦首都塔什干出席上合组织国家首脑峰会的国家主席习近平等党和国家领导人,与时任乌兹别克斯坦总统卡里莫夫一道,出席了安-帕铁路卡姆奇克隧道通车视频连线活动。习近平主席和卡里莫夫总统共同按下隧道通车按钮,伴随着一声汽笛长鸣火车驶出隧道,会场和现场沸腾了,乌兹别克斯坦举国沸腾了。中铁隧道局集团党委书记、董事长于保林和乌兹别克斯坦铁路公司主席拉曼托夫,通过视频向两国元首报告隧道建设情况,卡姆奇克隧道享誉全国、名满中亚。中乌主流媒体在通车期间共发稿1000余篇次,引起了中乌社会强烈反响,聚焦中铁隧道局集团采用"中国技术",按照"中国标准",创造了"中国速度",极好地展示了中国企业和中国隧道的品牌形象。

　　民心相通是"一带一路"建设的社会根基,这是比设施互联更重要的意义所在。在建设卡姆奇克隧道的同时,也在传承和弘扬丝绸之路的友好合作精神。项目部先后向邻近工地的中小学捐建教学用具和生活设施,受到当地政府、媒体和民众的高度好评。项目加强与中方驻乌机构、乌兹别克斯坦相关机构的友好互联，为项目建设营造了良好的氛围。施工过程中，人性化的人文关怀，无微不至的生活关心让来自两国的工人心意相通，和睦相处。中乌员工相互协作，共同进步，建立起了珍贵的友谊。每年的古尔邦节、纳乌鲁斯节，当地政府和业主都会带着丰盛的酒菜和精彩的歌舞来到项目慰问中乌双方员工；每逢中国的中秋、国庆、春节等传统节日，项目也都邀请业主和当地雇员一起分享节日的快乐，中乌合作的友谊通过隧道的延伸而日益醇厚。

第三节　展示中企品牌影响

卡姆奇克隧道从项目签约，到攻坚克难，再到胜利通车，中国企业的速度、技术和品质，完全满足并超越了乌兹别克斯坦政府和业主的期望，自始至终都获得了各方的良好赞誉。乌兹别克斯坦时任总统卡里莫夫在几年的全国新年献词和数次的内阁经济会议上为项目点赞。乌兹别克斯坦时任总理、继任总统米尔济约耶夫先后四次到工地视察慰问，称赞中铁隧道局集团有专业、能担当，期待双方长期深入合作。乌兹别克斯坦时任国铁公司董事长、继任国家第一副总理拉曼托夫表示，我被尊敬的中国合作伙伴处理不可预见情况的决策能力、团队精神和敬业精神深深感动。项目总监德国人尚斯表示，光明总是在那隧道的尽头，卡姆奇克隧道让监理和业主共同见证了中国技术打破黑暗、迎来光明的完美表现。时任中国驻乌兹别克斯坦大使孙立杰表示，卡姆奇克隧道项目是中乌产能合作的典范，是中企在乌的一张名片、一个标杆、一面旗帜。

2017年隧道通车一周年之际，中铁隧道局集团公司总工程师洪开荣被邀请到中国首档青年电视公开课"开讲啦"，向全国观众讲述卡姆奇克隧道的传奇故事。2018年卡姆奇克隧道获得中国建筑工程鲁班奖，通车两周年前夕人民日报记者"行走一带一路"还专题报道了《900天奋战成就900秒奇迹》。2019年3月，时任国务委员、外交部部长王毅在两会纵论中国大外交，专门提到中国建设卡姆奇克隧道的历程和作用。2020年央视记者再访卡姆奇克隧道，当地人民都会由衷地说道："谢谢中国！"

第四节　推动两国经贸合作

2016年6月国家主席习近平对乌兹别克斯坦进行国事访问期间，同乌兹别克斯坦时任总统卡里莫夫共同决定把中乌关系提升为全面战略伙伴关系，中乌两国关系发展进入了快车道。2017年5月，乌兹别克斯坦现任总统米尔济约耶夫对中国进行国事访问并参加"一带一路"国际合作高峰论坛，与国家主席习近平等党和国家领导人举行会晤并达成多项共识，两国关系进入全新阶段。目前，中乌关系处于最好时期，政治互信、互利合作、战略协调全面推进，各领域务实合作不断取得丰硕成果。中国是乌兹别克斯坦第一大贸易伙伴国和第一大投资来源国。2017年中乌双边贸易额42.24亿美元，同比增长16.9%。中乌市场规模和资源禀赋优势各异、互补性强、潜力巨大、前景广阔，平等互利的中乌务实合作已成为丝绸之路经济带上的新亮点。

第二篇

项目建设

2013年7月项目开工建设，中铁隧道局集团千余名员工与乌兹别克斯坦员工一道，用专业的技术实力和不舍昼夜的忘我奋斗，先后攻克了600m破碎大断层、3520m长大斜井施工和近10km的长距离持续岩爆，用中国技术破解了岩爆这一世界级难题。仅用900天时间完成了主隧道、安全洞、斜井及联络通道总计长47.3km的开挖，让隧道贯通日期比原计划提前了近100天。项目在管理、技术、科研、党建等方面取得了丰硕的成果和良好的社会效益。本篇从工程概况、施工部署、主要管理措施、关键施工技术、成果及经验交流等方面对项目建设进行了系统介绍。

The Project was started in July, 2013, thousands of employees from CRTG and Uzbekistan successfully overcame 600-m long broken fracture zones, 3 520-m long large shaft and 10-km long continuous rockburst section with professional technical strength and selfless hard-working spirit. The world-class difficulty, rockburst, was solved by "China's technology". It takes 900 days to complete the tunnel excavation construction with a total length of 47.3 km (including the main tunnel, service tunnel, inclined shaft, and connecting channel), 100 days ahead of schedule to complete the whole tunnel. Great achievement and good social benefits have been obtained in aspects of project management, technology, scientific research and Party building. In this part, the Project overview, the construction deployment, the major management measures, the key construction technology and the exchange of results and experience are systematically introduced.

Part II

Project Construction

第四章　工程概况

Chapter 4　Project Overview

第一节　工程建设组织模式

（一）合同模式

本项目为EPC总承包合同，承包商负责项目的设计、供应、施工、安装、培训及试运行，并负责保修期内缺陷的修补及整治。

（二）参建相关方及管理模式

建设方：乌兹别克斯坦国家铁路股份公司（O'zbekiston temir yollari，简称"UTY"），成立安格连－帕普铁路隧道项目经理部代表乌兹别克斯坦国家铁路股份公司对项目建设进行全权管理，派驻现场代表履行建设管理义务并协调相关事宜。

监理方：德铁国际（简称"DBI"），代表建设方对工程的进度、安全、质量、投资进行监督管理，实行安全总监负责制，现场派驻监理工程师对施工全过程履行监理责任，并代表建设方对设计、施工方案的审定全权负责。

施工方：中铁隧道局集团公司（简称"CRTG"），成立"乌兹别克斯坦安格连－帕普电气化铁路隧道工程项目部"，项目经理部下设设计部、工程部、设备部、物资部、商务部、财务部、综合部、国内部共8个职能部门，项目部全面代表集团公司履行合同，承担项目整体实施过程中的进度、质量、成本、职业健康安全和环境管理。中铁隧道局集团公司下属4个中心对项目进行系统支持，其中设备中心负责项目的主要施工设备采购供应和管理，物资中心负责项目主要施工材料的采购供应和管理，试验中心负责项目的试验检测工作，技术中心负责本隧道的通风技术服务保障工作。本项目的勘测设计任务由中铁隧道局集团公司勘测设计院承担；主体工程施工由中铁隧道局集团公司所属两个子公司承担，进口（西口）工区、1号斜井工区为股份公司承担；2号斜井工区、3号斜井工区、出口（东口）工区为一处承担；机电设备安装工程由中铁隧道局集团公司子公司机电公司承担。

（三）规范及标准执行情况

1. 执行的乌兹别克斯坦技术标准名称

《铁路和公路隧道》KMK 2.05.05—96；

《地震区施工》KMK 2.01.03—96；

《建筑结构防腐》KMK 2.03.11—96；

《铁路、公路、水利工程隧道、地铁施工和验收》KMK 3.06.05—98；

《混凝土与钢筋混凝土结构》KMK+2.03.01—96。

2. 在不与乌兹别克斯坦规范冲突的前提下，执行以下中国规范及验收标准

《锚杆喷射混凝土支护技术规范》GB 50086—2001；

《混凝土外加剂应用技术规范》GB 50119—2013；

《铁路隧道监控量测技术规程》TB 10121—2007；

《铁路混凝土工程施工技术指南》铁建设（2010）241号；

《高速铁路隧道工程施工质量验收标准》TB 10753—2010；

《建筑地基处理技术规范》JGJ 79—2012；

《建筑地基基础工程施工质量验收规范》GB 50202—2002；

《地下工程防水技术规范》GB 50108—2008；

《钢筋焊接及验收规程》JGJ 18—2012；

《工程测量规范》GB 50026—2007；

《普通混凝土配合比设计规程》JGJ 55—2000；

《工业金属管道工程施工规范》GB 50235—2010；

《现场设备、工业管道焊接工程施工规范》GB 50236—2011。

第二节　参建单位情况

（一）承建单位简况（表4-1）

承建单位简介　　　　　　　　　　　表4-1

单位名称	中铁隧道局集团有限公司
联系电话	020-32268906

通信地址		广东省广州市南沙区南沙街道广意路 23 号
主营范围及其资质等级		公路工程施工总承包特级； 铁路工程施工总承包特级； 建筑工程施工总承包一级； 市政公用工程施工总承包一级； 桥梁工程专业承包一级； 隧道工程专业承包一级； 公路路基工程专业承包一级； 铁路铺轨架梁工程专业承包一级； 可承接建筑、公路、铁路、市政公用、港口与航道、水利水电各类别工程的施工总承包、工程总承包和项目管理业务
法定代表人	姓 名	于保林
	联系电话	020-32268916
项目经理	姓 名	周校光
	持证等级	一级建造师、高级工程师、 职业项目经理
承建内容		乌兹别克斯坦安格连 – 帕普铁路卡姆奇克隧道的设计、采购、施工总承包，即"EPC"模式。承建工程的主要内容：主隧道 19.2km、安全隧道 19.268km、3 个辅助施工通道（分别为 1 号斜井长 1532m、2 号斜井长 3512m、3 号斜井长 1845m）及 64 个联络通道（隧道正洞与服务隧道之间间隔 300m 设置）的土建结构设计、施工；隧道内通风、照明、通信、消防、机电设备安装、洞口运营设施等工程的设计、采购、施工及试运行

承建单位简介：

中铁隧道局集团有限公司是一家集勘测设计、建筑施工、科研开发、机械修造四大功能为一体的大型国有企业，是国内隧道和地下工程领域最大的企业集团，隶属于中国中铁股份有限公司。集团资产总额 236.29 亿元，固定资产原值 35.24 亿元，所有者权益 31.95 亿元。集团保有机械设备 7074 台套，现有 TBM、盾构 68 台套，是国内拥有盾构、TBM 门类最齐全、数量最多的施工企业，年隧道施工能力在 600km 以上。

集团现有 10 个施工子（分）公司，1 个勘测设计院，1 个设计分公司，1 个技术中心，1 个国家重点实验室，1 个隧道设备制造公司，1 个海外工程公司，现有在建项目 320 多个。

集团现有员工 15275 人，各类专业技术人员 8890 余人，各类技术工人 6385 余人，其中中国工程院院士、国家级有突出贡献专家各 1 人，享受国务院政府特殊津贴 12 人，一级建造师 501 人。

集团服务领域涵盖铁路、公路、市政、水利、房屋建筑等，完成了一大批优质工程，如合武铁路大别山隧道、兰武二线乌鞘岭隧道、兰渝铁路西秦岭隧道、晋焦高速牛郎河隧道、石忠高速方斗山隧道、青岛胶州湾隧道、沈阳地铁一号线等。

集团荣获国家科技进步奖 15 项，省部级科技进步奖 390 余项，拥有国家级工法 27 项获得知识产权 500 余项，累计获鲁班奖 22 项，詹天佑奖 40 项，国家优质工程奖 58 项

（二）参建单位简况（表4-2～表4-5）

参建单位简介　　　　　　　　　　　　　　　　　　表4-2

单位名称		中铁隧道股份有限公司
通信地址		河南省郑州市高新技术产业开发区 科学大道 99 号
法定代表人	姓　名	靳玉东
	联系电话	0371-67283999
项目经理	姓　名	肖辰裕
	持证等级	一级建造师、工程师、职业项目经理
参建内容		主隧道 8586m、安全隧道 9224.5m、1 个辅助施工通道（1 号斜井长1532m）及 28 个联络通道的土建结构施工
参建工作量		主要工程量：洞身开挖 75.2 万 m^3，衬砌混凝土 8.49 万 m^3，防水材料 29.4 万 m^2，喷射混凝土 4.3 万 m^3
参建比例		31.7%

参建单位简介：

中铁隧道股份有限公司为国家综合大型一级施工企业，资产总额 18 亿元以上，100 亿元以上的年施工生产能力，有盾构机 58 台、TBM16 台、液压凿岩台车 16 台。公司设 30 个专业公司，拥有员工 3600 人，其中高级工程师 118 名。

主营范围：城市轨道交通工程、隧道工程、公路工程、市政公用工程、消防设施工程、机电设备安装工程承包；工程机械制造、销售、租赁；技术开发、转让、咨询。

公司积极实施科技兴企战略，致力于新技术的研究开发和应用。2003 年被河南省科技厅审定为高新技术企业。公司建有 "863" 计划盾构科研基地、盾构科研开发中心、组装调试中心和制造维修中心。

公司荣获鲁班奖 9 项，詹天佑奖 16 项，国家优质工程奖 25 项，中国市政工程金杯奖 5 项，省部级优质工程奖 100 余项，国家科技进步奖 6 项，省部级科技进步奖 8 项。

公司秉承 "至精至诚，更优更新" 的企业精神，发挥专业优势，以引领隧道施工的装备水平、技术水平、管理水平为发展愿景，铸造盾构与 TBM 施工的主力品牌、长大隧道施工的核心品牌、城市轨道施工的优势品牌、水下隧道施工的标杆品牌、新兴能源与城市地下空间开发的先锋品牌，打造国内隧道施工领军企业

参建单位简介 表4-3

单位名称		中铁隧道局集团一处有限公司
通信地址		重庆市渝北区天山大道西段 32 号 B 幢
法定代表人	姓 名	刘昌彬
	联系电话	023-65933555
项目经理	姓 名	翟飞飞
	持证等级	一级建造师、高级工程师、职业项目经理
参建内容		主隧道 10614m，安全隧道 10043.5m，2 号斜井 3500m，3 号斜井 1845m 及 36 个联络通道的土建结构施工的土建工程施工任务
参建工作量		主要工程量：洞身开挖 103.8 万 m^3，衬砌混凝土 11.72 万 m^3，防水材料 40.6 万 m^2，喷射混凝土 6.2 万 m^3
参建比例		38.2%

参建单位简介：

中铁隧道局集团一处有限公司为国有大型综合施工企业，由铁道兵第 8 师第 22 团发展、演变而来，2008 年 3 月 26 日正式注册成立中铁隧道局集团一处有限公司。公司是中铁隧道局集团的"王牌军"，位处中国中铁三级子公司第一梯队，被认定为国家高新技术企业，拥有重庆市企业技术中心、石油和化工行业地下水封石洞储库工程研究中心。

公司主要从事铁路、公路、市政公用、水利水电、矿业、大型土石方、地下储气洞库等施工业务，拥有公路、市政公用工程总承包和桥梁、隧道、公路路基、水工隧洞、土石方工程专业承包等多项施工资质。

公司现有在职员工 1800 余人，其中管理与专业技术人员 900 余人，各类技术工人 900 余人。公司注册资本金 3 亿元，企业拥有资产 35 亿元以上，年完成施工产值 70 亿元以上。

公司先后参加了宝成、成昆、渝怀等 20 余条铁路干线和温福、合武、龙厦、南广、渝利、吉图珲、渝黔、杭黄等高速铁路、客运专线的建设，参建了国内 90 余条高速公路。

公司曾多次获得鲁班奖、詹天佑奖、国家优质工程金奖、金马奖、科技进步特等奖及省优、部优工程奖

单位名称		中铁隧道勘测设计研究院
通信地址		广东省广州市南沙区南沙街道广意路 23 号
法定代表人	姓 名	卓越
	联系电话	020-32268975
项目经理	姓 名	李怀业
	持证等级	教授级高级工程师
参建内容		负责主隧道、安全隧道、3 座施工斜井土建、机电 （含通风、照明、给水排水与消防、监控）全过程设计
参建工作量		完成工程可行性研究报告、技术设计、施工图设计 （13 册图纸）（中文、英文、俄文）
参建比例		25.5%

参建单位简介：
　　中铁隧道勘察设计研究院，前身为铁道部隧道工程局科学技术研究所，始建于 1978 年。目前已发展成为集勘察设计、科技研发、技术推先、工程咨询为一体的创新型企业，主要从事铁路、公路、市政、地铁等行业的隧道及地下工程设计、勘察、测绘、咨询、施工图审查、设计施工总承包以及新技术、新工艺、新材料、新设备的研发推广等业务；具有工程设计铁路行业甲（Ⅱ）级、公路行业甲级、市政行业（城市隧道工程、轨道交通工程）甲级、公路特长隧道甲级、测绘甲级、市政行业（道路工程、排水工程）乙级、工程勘察专业类（岩土工程、工程测量）乙级、工程造价咨询乙级、公路行业公路丙级、建筑工程丙级、给水工程丙级等资质以及 CMA 证书，并通过了质量、环境和职业健康安全三大体系认证。
　　四十余年来，参建大瑶山、军都山、木寨岭、广州狮子洋等铁路隧道 270 余座，秦岭、梧桐山、二郎山等公路隧道 180 余座，武汉长江、南昌红谷、厦门翔安、青岛胶州湾、长沙营盘路等市政隧道 40 余座，参与北京、上海、广州、深圳等 40 余个城市、420 余座车站、620 余条区间的轨道交通建设和南水北调、引黄入洛、引汉济渭、引红济石等多项国内重大的水利水电工程建设；以及新加坡、瑞典、以色列、格鲁吉亚、智利、乌兹别克斯坦、卡塔尔等 10 余个国家的市政和铁路工程项目的设计和科研攻关任务。
　　迄今共承担各级科研项目 300 余项，荣获国家科技进步奖 9 项，其中，特等奖 1 项、一等奖 2 项、二等奖 3 项、三等奖 3 项；省部级科技进步奖 144 项；国家优秀专利奖 1 项；发明专利 89 项；国家级工法 5 项，省部级工法 29 项。
　　特聘院士 4 人、设计大师 2 人，拥有国务院政府津贴专家 1 人、博导 1 人、硕博士 60 人、教授级高级工程师 16 人、高级工程师 51 人、注册工程师 25 人、其他各级专家 30 余人，在岗员工 160 余人、社会聘用 600 余人。四十多年来，涌现出以王梦恕院士为代表的一大批专家人才。
　　拥有国家企业技术中心、广东省隧道结构智能监控与维护企业重点实验室、中国铁路工程总公司技术中心隧道研发中心、高新技术企业四大高端创新平台；超前地质预报管理信息系统、隧道及地下工程监控量测预警信息管理系统、隧道及地下工程科技信息、BIM 施工管理及《隧道建设（中英文）》期刊五大高端信息平台，《隧道建设（中英文）》期刊是目前我国隧道及地下工程领域唯一可以同时刊登中英文文章的科技核心期刊

单位名称		中铁隧道局集团机电工程有限公司
通信地址		河南省洛阳市老城区状元红路3号
法定代表人	姓　名	王贺昆
	联系电话	0379-62633559
项目经理	姓　名	陈卫
	持证等级	职业项目经理
参建内容		负责主隧道、安全隧道、进出口设备房内的机电 （含通风、照明、给水排水与消防、监控）工程施工
参建工作量		隧道动力照明及配电系统、给水排水及消防系统、通风系统、 应急通信及监控系统、应急阻挡系统的机电工程施工任务
参建比例		4.6%

参建单位简介：

中铁隧道局集团机电工程有限公司主要从事公路、铁路、市政、地铁等领域的机电设备安装、装修、消防、电力、通信、钢结构工程施工。

公司注册资本1亿元。公司现有员工565人，拥有各类专业技术人员368人，各类技术工人197人，中级技术职称以上的98人，高级职称31人，一级建造师39人，高级技工以上技能工人96人，技师28人，高级技师9人。

公司具有机电工程施工总承包壹级、建筑装修装饰工程专业承包壹级、建筑机电安装工程专业承包壹级、消防设施工程专业承包壹级、环保工程专业承包壹级、电子与智能化工程专业承包壹级；市政公用工程施工总承包贰级、建筑工程施工总承包贰级、电力工程施工总承包贰级、通信工程施工总承包叁级；公路交通工程（公路机电工程分项）专业承包贰级、铁路电气化工程专业承包叁级、城市及道路照明工程专业承包叁级、钢结构工程专业承包叁级、特种工程（特种防雷）专业承包不分等级资质。

公司作为参建单位参与建设的项目，先后荣获中国建筑工程鲁班奖、詹天佑奖、国家优质工程奖7项（其中金奖4项）、省部级优质工程奖5项、中国中铁优质工程10项等

第三节　当地生产资源概况

（一）供水供电

项目所在地有一条河流（库拉米河）流经项目所有五个工区，河流常年水量丰富，可满足项目施工用水。项目每个工区分别建施工用水水池，从库拉米河中抽水供施工使用。由于项目所在地冬季时间长、气温低，施工用水所有管道提前做好防冻措施，确保冬季用水满足要求。

业主负责将网电接至各工区，各工区分别建变电站满足工区用电需求。由于乌兹别克斯坦电力基础设施较为陈旧落后，配置标准较低，造成项目施工过程中经常停电和电压过低，据统计，西口和东口分别发生停电309次和505次，净停电时间分别为542小时（22.6天）和791小时（33天）。为减少项目施工过程中受网电的制约，每个工区配备自发电设备，确保停电期间正常施工。

（二）设备

乌兹别克斯坦的机器制造业是在"卫国"战争时期随着苏联中部地区机械制造厂疏散而建立起来的，经过调整产业结构，当地能够生产的设备主要为农业机械、轧棉机械、纺织机械、电机、石油化工机械、飞机制造、汽车制造、无线电通信、电器产品、日用技术等，植棉和轧棉设备制造业具有优势。当地无法生产项目所需的施工设备，本项目的施工设备主要由中国进口。

（三）劳动力

乌兹别克斯坦缺乏满足项目需求的劳务人员，项目主要从中国引进劳务人员，政府主管部门对外籍劳务实行许可审批制度，对随项目入境的管理人员、技术人员发放一定数量的劳务许可，审批程序复杂。乌兹别克斯坦只接受本国没有或缺乏的专家或技术人员在当地就业，只给总经理职务的人员发放1年的工作签证，其他级别人员只给予半年的工作签证。

（四）当地材料

乌兹别克斯坦工业门类不够齐全，可生产水泥、乳化炸药、防水材料、保温材料、砂石料等施工所需材料，当地也可以生产钢材，但其质量无法满足项目要求的标准，除此之外的其他施工材料均需要进口。通过对当地资源的调查比较，水泥最终选择在塔什干州阿航格拉的一家合资单位供应。项目部针对水泥厂设备检修、当地节假日较多等因素可能导致的水泥供应问题，一方面通过业主与水泥厂进行沟通，另一方面与水泥厂建立良好的合作关系，使其调整设备检修时间，延长或者在节假日加班为我单位供应，以保障现场使用。

（五）进口材料来源

由于当地产量和质量方面的不足，钢材、柴油、木材、除乳化炸药外的爆破材料、二三项材料等选择从其他国家进行采购，主要从俄罗斯和中国进口。由于运距较长，其他国家采购的关键因素是供应时间的控制。在比较价格优势之后，除了综合考察合作单位的实力和信誉外，还在合同中明确约定供货时间和违约责任。

（六）运输

在乌兹别克斯坦当地采购的水泥、防水材料、保温材料等物资主要通过汽运方式运输。从俄罗斯进口的硝铵炸药、柴油等物资主要通过铁路运输。从中国进口设备物资的运输方式有空运、铁运、汽运。空运出口乌兹别克斯坦，适合小批量高货值的货运运输，速度快，时效性高，主要是急需的设备配件。铁路运输主要走大批量的，大型包装运输，如施工设备、钢材、外加剂、二三项材料等。铁路的车型可以大致划分为：盖车、平车、集装箱车等。 由于各种装货的重量不等，盖车和平车可以装60t货物，集装箱车能装25t，特种货物需要单独审批车皮。 其中，全铁运输（自备箱 SOC、租箱 COC、车皮均可）到阿拉山口、多斯特克DOSTYK出境到乌兹别克斯坦内主要站点。汽车运输灵活性大，但是受天气影响大，适合小批量的运输，弥补了空运和铁路运输的不足，如工程所需的小批量物资及非电雷管、导爆索、电雷管等火工品采用汽运方式，从全国各地起运到新疆的霍尔果斯口岸并转关出境的国际陆运至乌兹别克斯坦目的地。这种方式的运输费用相对昂贵，约15天，速度较快。

（七）清关

项目部成立清关免税工作组，负责项目清关免税事务，包括：临时转关工作、永久清关工作、《免税清单》编制与上报。同时，清关免税工作组负责清关免税工作的管理，要随时掌握清关免税工作进展，解决清关免税工作中的问题。本项目的清关工作，其特殊之处在于免税，免税是依据乌兹别克斯坦总统令实施。具体的免税工作关键在于政府部门批准的《免税清单》。《免税清单》需经"六部一阁"，即国家经济部、国家财政部、国家对外经济贸易部、国家司法部、国家税务委员会、国家海关总署审核完成，最后意见汇总到内阁进行审批，审批周期大概需要3~4个月。永久清关也叫自由流通模式（40模式），是货物最终可以自由流通、合法使用的一种模式。办理该模式清关需要提供货物的出口报关单（不是目的国语言的要进行翻译和公证）、货物合格证、货物原产地证、运单。同时要根据货物出口编码（HS编码）的要求办理货物在目的国的"合格证/卫生证/环保证"。待所有资料办理齐全，才能办理永久清关模式。

第四节 施工场地、周围环境、水文地质等概况

（一）隧道进口端

乌兹别克斯坦安格连－帕普铁路卡姆奇克隧道进口位于塔什干州安格连境内，库拉米山脉卡因德河流下游（阿汉加兰河左支流）V形峡谷内，离A373公路主干道约3km。山体覆盖植被稀少，沟谷林立，基岩裸露。夏季天气炎热，最高温度达45℃，积雪融化，降雨量大，雨水充沛，沟内容易诱发崩塌、泥石流等地质灾害；冬季山顶常年积雪，最低温度达−30℃，积雪厚度可达2m，容易发生雪崩，自然条件相对比较恶劣。周围居民稀少，交通条件不发达，需要沿谷底修建约4km施工便道到施工现场，隧道进口周围地形地貌见图4-1。

图4-1 隧道进口地形

隧道进口受山谷两边空间限制，施工场地相对狭小，施工场地布置沿沟谷的西北坡进行展布，污水沉淀池、拌合站、料仓、材料库房、空压机房、机修房等分布在靠近右侧山体，同时预留1号斜井的交通便道，详见图4-2。

1号斜井距离隧道进口约3km,位于右侧山谷平坡上，施工场地较宽阔，施工场地布置沿东南坡进行展布，污水沉淀池、拌合站、材料库房、空压机房、加工棚等分布在

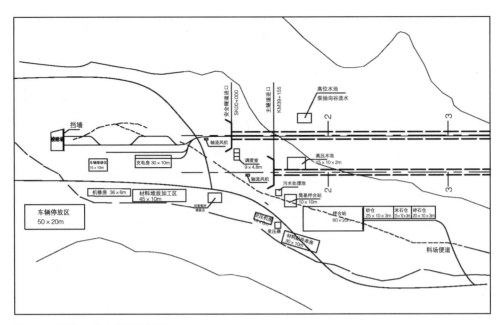

图4-2 隧道进口施工场地布置图

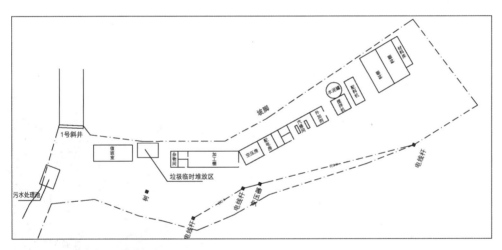

图4-3 1号斜井施工场地布置图

靠近右侧坡脚，生产区施工用水水源采用上游沟谷流水，由高位水池铺设用水管道覆盖全施工区，详见图4-3。

（二）隧道出口端

乌兹别克斯坦安格连－帕普铁路卡姆奇克隧道出口位于纳曼干州恰达克村恰达克河V形峡谷内，离A373公路主干道约60km，进出施工现场道路崎岖，全部为村道,沿途要经过几个当地村庄。山上植被稀少,沟谷林立,基岩裸露。夏季天气炎热,最高温度达45℃,降雨量大,雨水充沛,沟谷内容易发生泥石流。沟内常年流水,水质清澈。冬季山顶常年积雪,最低温度达-40℃,积雪厚度可达3m,容易发生雪崩,自然条件相对比较恶劣。周围有居民居住,道路较窄,交通不便利,隧道出口全貌见图4-4。

图4-4 隧道出口地形

隧道出口位于两个沟谷交汇处,施工场地布置沿山体弧形展布,隧道出口出碴采用有轨运输需要场地较大,受恰达克河道影响较大,需改建河道。混凝土拌合站同时兼顾3号斜井施工混凝土需求,拌合站离隧道出口约1.5km。机加工场、材料场、有轨运输场地、弃碴场等重要施工场地布置详见图4-5。

2号斜井距隧道出口约7km,全部为当地羊肠小道,沿恰达克河一直延伸。为满足隧道施工需求,需将原有道路扩宽。2号斜井隧道口位于恰达克河右侧斜坡上,场地相

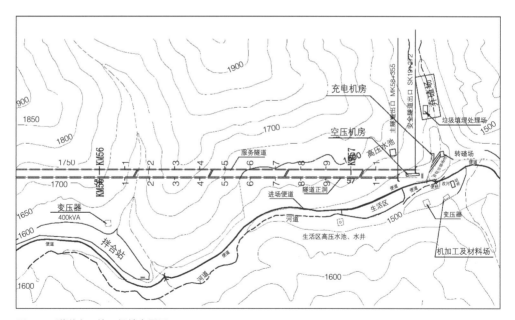

图4-5 隧道出口施工场地布置图

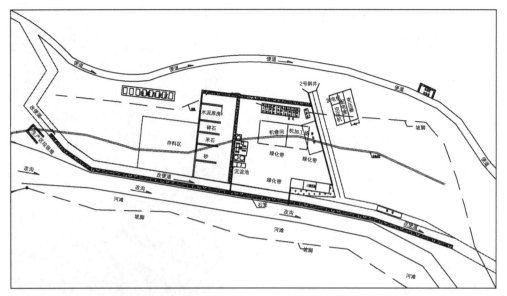

图4-6　2号斜井施工场地布置图

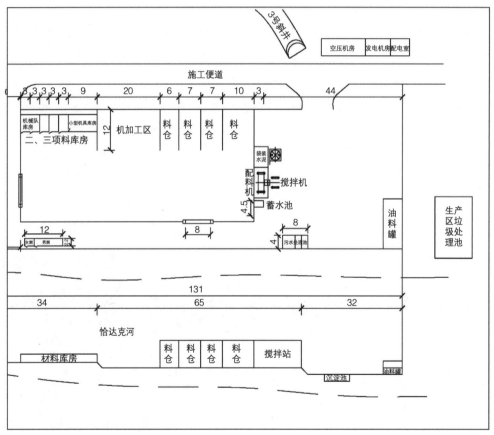

图4-7　3号斜井施工场地布置图

对较宽阔，施工场地布置沿斜坡坡脚展布，机加工场、变压器室、材料库房、沉淀池等施工场地详见图4-6。

3号斜井施工场地位于恰达克河谷内，恰达克河穿区而过，距隧道出口约4km，全部为施工便道。受恰达克河谷两侧空间限制，施工场地相对较窄，施工场地布置详见图4-7。

第五节　项目建设主要内容

（一）主要工程内容

隧道正洞19.2km、服务隧道19.268km、3个辅助施工通道（分别为1号斜井长1532m、2号斜井长3512m、3号斜井长1845mm）及64个联络通道（隧道正洞与服务隧道之间间隔300m设置）的土建结构设计、施工；隧道内通风、照明、通信、消防、机电设备安装、洞口运营设施等工程的设计、采购、施工及试运行。

（二）土建结构主要工程量

本隧道开挖方量约179万m³，喷射混凝土10.5万m³，衬砌混凝土20.2万m³，防水材料70万m²，具体见表4-6，各土建工区实际完成任务量见图4-8。

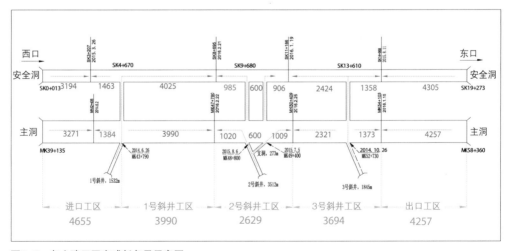

图4-8　各土建工区完成任务量示意图

项目		材料及规格	单位	主隧道	安全洞	斜井	合计
开挖		Ⅱ 级	m³	4448	4936	8302	17686
		Ⅲ 级	m³	652620.61	469534.34	132650.14	1254804
		Ⅳ 级	m³	224408.64	37247.68	138587.19	400242
		Ⅴ 级	m³	45373.30	15668.92	58984.39	120025
初期支护	超前小导管	φ32×3.25 普通焊接钢管	m	246078.00	151852.00	103124.80	501054.80
	超前注浆	水泥浆	m³	1053.00	0	0	1053.00
	锚杆	锁脚锚杆	m	283707.68	377318.064	98799.2	759824
	喷混凝土	B20 喷混凝土	m³	38349.55	46503.43	19878.31	104731.28
	钢筋网	φ6.5	kg	304981.58	184994.45	299005.79	788981.82
	格栅拱架	钢筋	kg	2061337.363	755564.65	1009799.715	3826700
防水层		无纺布缓冲层（400g/m²）	m²	427430.25	274412.30	0	701842.55
		1.2mm 厚 PVC 防水板	m²	422281.25	274412.30	0	696693.55
仰拱填充		B15 混凝土	m³	15185.11	1369.52	6771.82	23336.45
二次衬砌		模筑 B25 混凝土	m³	145484.29	19980.75	12849.98	178315.02
		钢筋	kg	654861.249	152439	—	807300

（三）机电工程主要工程量

1. 隧道运营通风系统（表4-7）

通风系统主要工程量 表4-7

项目名称	规格型号	单位	数量	备注
射流风机	功率：30kW	台	56	—
槽钢	10号	m	1340	—
余压阀	1800×750	个	128	—
电动防烟防火阀	常闭,70℃，1800×750	个	64	—

2. 隧道消防系统（表4-8）

消防系统主要工程量 表4-8

名称	规格及型号	单位	数量	备注
消防泵	Q=72m³/h，H=160m，N=110kW	台	8	—
稳压泵	Q=3.6m³/h，H=165m，N=6kW	台	4	—
气压罐	—	台	2	—
潜污泵	Q=10m³/h，H=10m，N=1.5kW	台	4	—
组合式消防柜	1750×800×250	个	808	—
室内消火栓	DN65	个	808	—
衬胶消防水带	—	套	808	—
地下式消火栓	DN100型	套	4	—
铝合金水枪	ϕ19	个	808	—
各类阀门	DN200	个	1281	含闸阀、蝶阀、软接等
MF/ABC5干粉灭火器	5kg	罐	3224	—
镀锌钢管	DN200，压槽，并涂2层红丹防腐漆，镀锌层平均不少于500g/m²	m	38986	—
镀锌钢管	DN100，压槽，并涂2层红丹防腐漆，镀锌层平均不少于500g/m²	m	19287	—
镀锌钢管	DN65，涂2层红丹防腐漆，镀锌层平均不少于500g/m²	m	3320	—
镀锌钢管	DN80，涂2层红丹防腐漆，镀锌层平均不少于500g/m²	m	60	—
保温棉	复合硅酸镁，5cm	m	4140	—
消防管支架	—	个	6680	热镀锌
镀锌槽钢	5号	m	31170	热镀锌
镀锌角钢	—	m	10731	热镀锌
压力表	3.2MPa	个	8	—

3. 隧道动力照明及配电系统（表4-9）

照明及动力配电主要工程量   表4-9

名称	规格及型号	单位	数量	备注
检修插座箱	插座为欧标，IP65	个	323	具体内部配置图
照明配电箱	IP65	个	116	具体内部配置图
灯具	220V,100W,IP65，灯具引出线为 $3 \times 2.5mm^2$ 阻燃电缆，长度 2m，普通照明	套	3783	含高压钠灯、荧光灯、疏散指示灯、变电所照明灯等
电线电缆	NH-BYJ-500V $3 \times 2.5mm^2$	m	289,128	—
电气配管	DN50	m	45,747	热镀锌，国标
电缆挂架	阻燃，塑料材质，电缆截面 $3 \times 70 + 2 \times 25mm^2$	个	130,238	—
热镀锌角钢	—	m	1412	—
10kV 高压柜	—	面	22	—
RTU 控制柜	—	面	4	—
干式变压器	SCB10，10/0.4，1000kVA	台	4	—
低压柜	—	面	16	—
射流风机控制柜	一控三内含软启动装置	面	20	—
消防泵控制柜	一控四内含软启动装置	面	2	—
稳压泵控制柜	一控二	面	2	—
潜污泵控制柜	一控二	面	2	—
射流风机手操箱	箱内预留远程 I/O 接线端子排，详见系统图	套	56	—
镀锌扁铁	40×4	m	1600	—
箱式变电所	80kVA，含 EPS 装置，EPS 容量 35kVA	套	7	EPS 应急时间不小于 3h
10 号槽钢	A3 钢	m	550	热镀锌
高压电缆	YJY23-8.7/15KV-3×120	m	17,576	—
风机电缆支架	—	套	2556	—
照明电缆支架	—	套	24,085	—
动力电缆	—	m	30,175	—
电气配管	—	m	1260	—
电力监控系统	—	套	1	—
单模四芯铠装光缆	—	m	40,800	包含光缆熔接

4. 隧道应急通信监控系统（表4-10）

应急通信监控系统主要工程量　　　　　　　　　　表4-10

名称	规格及型号	单位	数量	备注
中心服务器	—	套	4	—
工作站（含22寸液晶屏）	—	套	8	—
46寸液晶屏	视频监视，含液晶屏框架	套	4	—
黑白激光打印机	HP Laserjet 5100	台	2	—
隧道综合集成监控应用软件	—	套	1	—
组合控制台	—	套	2	—
UPS(8kVA)	—	套	2	—
设备机柜	—	套	6	—
中央千兆以太网三层路由交换机	—	套	2	—
防静电架空地板	600×600	块	560	—
六类网线	GAT 6-4P	m	100	—
区域控制器PLC(含机柜)	—	套	11	—
工业光纤环网交换机	—	台	12	—
远程I/O控制器	—	台	70	—
监控电源箱	—	个	32	—
温度传感器	—	套	11	—
风速/风向检测仪	—	套	2	—
UPS（8kVA）	—	套	7	—
485总线	NH-RVSP-2×2.5mm²	m	20,483	—
镀锌线槽	150×100×1.2	m	40,700	—
金属线槽支架	单层	副	20,350	—
网络高清一体化球机	—	台	8	—
核心交换机	24口	台	2	—
镀锌扁铁	40×4	m	600	—
广播和紧急电话主机	—	套	2	—
紧急电话标志灯	125（宽）×200（高）×25（厚），3W	个	297	—
紧急电话（洞内）	—	套	297	—
号角扬声器20W	—	个	297	—
紧急电话控制台	—	台	2	—
电力电缆	—	m	92,496	含各种规格型号
通信电缆	—	m	1229	—
光纤	GYTZA53-8B1	m	124,133	—
尾纤	单模	条	1332	—
配管	—	m	10,797	含各种规格

5. 阻挡系统（表4-11）

阻挡系统主要工程量 表4-11

名称	规格及型号	单位	数量	备注
紧急报警控制主机（8回路）	柜式，含主机电源，备用电源；带串口转换板；带机柜	套	2	—
紧急报警控制分机（10回路）	壁挂式，含电池；带串口转换板	套	7	—
分布式感温光纤主机	单回路长度不低于10km	套	2	—
模块箱	—	个	321	—
声光报警器	—	个	321	—
控制模块	—	个	325	—
智能手动报警按钮	—	个	321	—
消火栓报警按钮	—	个	802	—
智能感烟光电探测器	—	个	20	—
智能感温探测器	智能型，具有定温特性（A2S），电子编码，内置单片机，配套底座	个	20	—
遮断信号机（红色）	—	套	2	—
耐火电缆	WDNH-YJY23-3×2.5mm²	m	20511	含各种规格型号
通信电缆	WDNH-RVSP-2×2.5mm²	m	47742	含各种规格型号
光纤	GYTZA53-8B1	m	41706	—
配管	JDG32	m	5620	含各种规格
感温光纤	Line 3.0 62.5/125μm，配套感温光纤续接盒，尾纤盒	m	19754	—

第六节　工程项目特点、重点与难点分析

（一）工程规模大，施工组织难度高

卡姆奇克隧道总投资4.55亿美元，是中亚第一长隧，由隧道正洞和服务隧道组成，隧道正洞长19.2km；服务隧道长19.268km。隧道正洞与服务隧道之间间隔300m设置联络通道。全隧设置3座斜井辅助正洞施工，其中1号斜井长1532m、2号斜井长3512m、3号斜井长1845m，隧道开挖总长度达47.3km。本项目为EPC设计、采购、施工总承包项目，高峰期开挖作业面达16个，中乌作业人员近2000人，后期机电设备安装与土建施工同步进行，作业面多、工序干扰大、施工组织难度高。

图4-9　隧道进口

图4-10　凿岩台车作业

图4-11　隧道内岩爆

（二）地质条件恶劣,工期履约压力大

作为乌兹别克斯坦国家独立25周年献礼工程,隧道正洞加服务隧道、斜井、联络通道,开挖支护总长度达47.3km,合同工期3年,岩爆频发、7条超宽断层等恶劣地质条件下,工期履约压力巨大,如图4-9～图4-11所示。

（三）岩爆频发,安全风险极高

隧址区地质复杂,最大埋深1275m,埋深超过700m的地段长达7km。自2014年2月初开始,隧道施工中频繁出现不同程度的岩爆现象,仅中等强度以上的岩爆就达

主洞岩爆比例　　　　　安全洞岩爆比例　　　　　斜井岩爆比例

图4-12　各种等级岩爆比例饼状图

图4-13　F7断层涌水

图4-14　2号斜井通风效果

3000多次。现场统计结果（图4-12）表明：主隧道、安全隧道、斜井岩爆区段长度分别占总开挖长度的67%、85%和55%。岩爆作为"世界性难题"，严重制约了施工进度，带来了巨大的安全风险。

（四）七条超宽断层，施工技术难度大

隧址区共穿越7条断层，其中2号斜井井身施工穿越的F7断层长达592m，围岩破碎，地下水发育，支护结构多次发生变形开裂，如图4-13所示。

（五）独头通风距离长，作业环境达标难度大

隧道进出口独头掘进距离达4.3km，斜井独头掘进距离达5.5km，斜井进入正洞后同时需要向4个面通风。如何提高长距离、多方位通风效果，保证隧道内的通风质量，是作业环境达标、确保职业健康的关键，如图4-14所示。

（六）长大斜井施工，坡度大、风险高

全隧设3座斜井，最长斜井3512m，坡度11.12%。斜井长、坡度接近无轨运输的临界坡率12%，运输困难，施工效率低，安全风险高。

（七）气候严寒、冬期漫长，质量控制难度大

隧址区冬季气候严寒，每年11月至次年3月为冬季，5个月漫长冬期。最低温度-42℃，积雪深度超过2m，雪崩频发，冬季原材料保障困难，对混凝土质量控制提出了更高要求，如图4-15所示。

（八）物资匮乏，保障难度大

乌兹别克斯坦当地隧道施工材料短缺，钢材、炸药、防水材料等主要物资均需要从中国、俄罗斯、哈萨克斯坦等周边国家进口，物资供应周期长达45天，清关程序繁琐，效率低，物资供应的超前计划性要求极高。

（九）当地工人缺乏隧道施工经验，用工属地化难度大

项目深度贯彻"一带一路"倡议，为惠及当地民众，高峰期乌兹别克斯坦员工占总员工的40%以上，如图4-16所示。

图4-15 隧道进口发生雪崩　　　　　　图4-16 乌兹别克斯坦员工隧道内作业

第五章 施工部署

Chapter 5 Construction Deployment

第一节 项目管理组织机构

中铁隧道局集团公司抽调具有丰富施工管理经验的人员组成乌兹别克斯坦安格连－帕普电气化铁路隧道工程项目部，项目经理部下设设计部、工程部、设备部、物资部、商务部、财务部、综合部、国内部共8个职能部门，项目部全面代表集团公司履行合同，承担项目整体实施过程中的进度、质量、成本、职业健康安全和环境管理。集团公司下属4个中心对项目进行系统支持，其中设备中心负责项目的主要施工设备采购供应和管理、物资中心负责项目主要施工材料的采购供应和管理、试验中心负责项目的试验检测工作、技术中心负责本隧道的通风技术服务保障工作。本项目的勘测设计任务由集团公司设计分公司和勘测设计院联合承担，主体工程施工由集团公司所属两个子公司承担，进口（西口）工区、1号斜井工区为股份公司承担；2号斜井工区、3号斜井工区、出口（东口）工区为一处承担。机电安装工程由集团公司子公司机电公司承担。

项目组织机构详见图5-1。

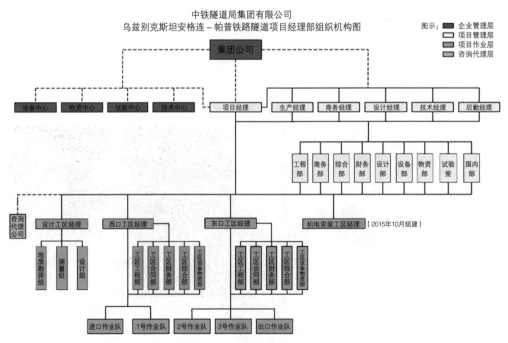

图5-1 项目组织机构图

第二节 管理目标及保障体系

（一）质量管理

质量目标：符合合同要求，工程一次验收合格率100%。

1. 组织保障

1）健全质量保证体系，严格按照质量体系文件进行质量管理，做到从资源投入和过程控制上保证工程质量。

2）成立质量管理组织机构，严格在质量保证体系下进行管理。

3）推行全面质量管理和目标责任管理，从组织措施上保证工程质量真正落到实处。

4）选派优秀的项目经理及技术过硬的总工程师，配置业务水平高的专职质量检验工程师。

组织机构及检测控制程序见图5-2、图5-3。

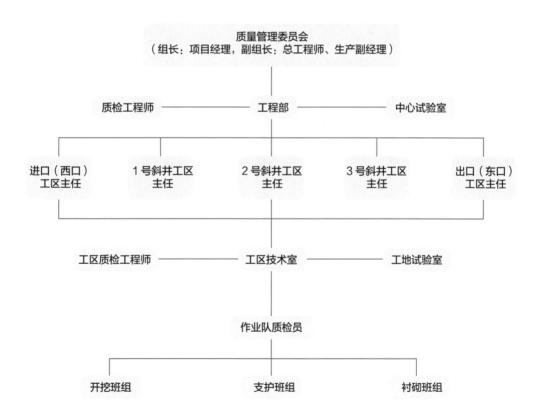

图5-2 质量保障体系组织机构图

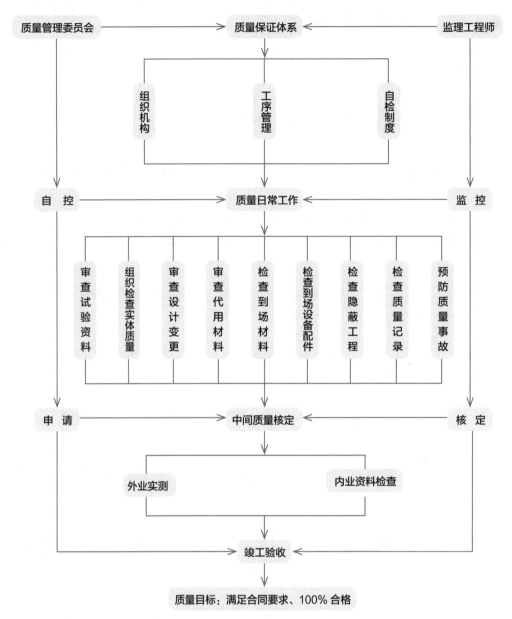

图5-3 质量控制程序框图

2. 制度保障

1）严格执行质量自检制度，施工中每道工序工班自检合格后，上报工区质检工程师复检。

2）严格执行工程监理制度，充分做好质量自检工作的同时，由专职质检工程师配合监理工程师和业主对工程进行质量监督检查。

3）质检工程师有质量否决权，发现违背施工程序、不按设计图、规范及技术交底施工，使用材料半成品及设备不符合质量要求者，有权制止和下停工令。

4）认真执行质量管理制度。制订施工图审签制，技术交底制，测量复核制，质量自检、互检、专检"三检制"，隐蔽工程检查签证制，安全质量检查评比奖罚制，分项工程质量评定制，质量事故（隐患）报告处理制等行之有效的质量管理制度，把上述制度具体到施工合同中，并落实到作业班组。

5）实行质量责任制，建立质量奖罚制度，明确奖罚标准，做到奖罚分明，杜绝质量事故发生。

6）严格施工纪律，把好工序质量把控关，上道工序不合格不能进行下道工序施工，对工艺流程的每一步工作内容认真进行检查，使施工作业标准化。

7）坚持质量检查制度，进行日常、定期、不定期检查，发现问题及时纠正，并对结果进行验证。

8）在施工中对每道工序、每个工种、每个操作工人，做到质量工作"三个落实"：

（1）施工前每个操作人员明确操作要点及质量要求。

（2）施工过程中施工管理人员随时检查指导施工，制定工序流程图，确定关键工序和特殊工序的关键点，进行连续监控，对比分析质量偏差，及时纠正质量问题，把质量隐患消灭在施工过程中。

（3）每个工序施工结束后，及时组织质量检查评比，进行工序交接，并根据检查结果对作业班组及操作人员进行相应奖罚，强化施工人员的质量意识。

3. 技术保障

1）加强施工技术管理，严格执行以总工程师为首的技术责任制，施工管理标准化、规范化、程序化。

2）坚持三级测量复核制，各测量桩点认真保护，施工中可能损毁的重要桩点要设好护桩，施工测量放线要反复校核。

3）用于本工程中的钢材、水泥、粗细骨料等必须按规定进行检验，试验频次满足规范要求，严格把好原材料进场关。

4）施工所用的各种检验、测量、试验仪器设备定期进行校核和检定，确保仪器设备的精度和准确度。

5）把好各工序中间的质量检验关，对加工的成品、半成品和隐蔽工程按要求认真检查验收，并报监理工程师检查签证。

6）工程施工中做到每个施工环节都处于受控状态，每个过程都有"质量记录"，施工全过程有可追溯性。

7）定期召开质量专题会，发现问题及时纠正，以推进和完善质量管理工作，使质量管理趋于标准化。

（二）安全管理

安全管理目标：无人身重伤及以上事故；无行车责任事故；无机械设备大事故；无等级火灾事故。

1. 组织机构

项目经理为安全生产的第一责任人，生产副经理直接管安全，工区设专职安全员，作业班组设兼职安全员，成立安全生产委员会，使安全工作制度化、经常化。

安全保障组织机构及安全保障体系见图5-4、图5-5。

2. 一般保障措施

1）认真贯彻执行乌兹别克斯坦有关安全生产方针、政策，严格执行有关施工规范和安全技术规则，对施工人员进行岗前安全教育，树立"安全第一、预防为主"的思想。

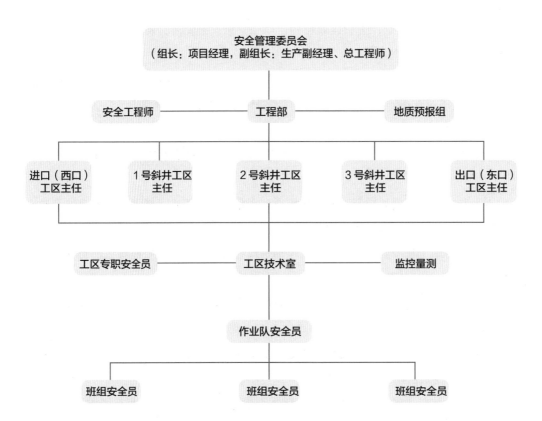

图5-4　安全保障体系组织机构图

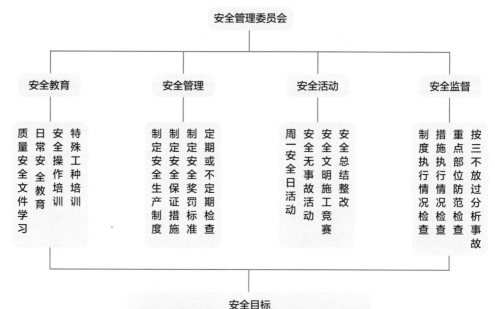

图5-5　安全管理程序框图

2）建立以岗位责任制为中心的安全生产逐级负责制，制度明确、责任到人，奖罚分明。

3）编制详细的安全操作规程、细则、制度及切实可行的安全技术措施。

4）在施工过程中督促检查，严格坚持特殊工种持证上岗。

5）进行定期和不定期的安全检查，及时发现和解决不安全的事故隐患，杜绝违章作业和违章指挥现象。

6）坚持每周一安全学习制度。

3.隧道施工专项安全措施

1）加强监控量测，及时反馈信息，通过量测指导施工，确保安全。

2）隧道开挖采用光面爆破，严格按爆破设计施工，严格控制用药量，保证爆破成型质量，减小对围岩的扰动。

3）加强运输管理，制定专项安全制度，对驾驶人员经常进行安全意识教育，严禁违章开车，各种车辆严格遵守交通规则，杜绝交通事故。

4）洞口浅埋段施工的安全措施

隧道开挖过程中，地质预报组做好地质描述和超前地质预报，提出对策和措施；洞口浅埋地段开挖采用浅孔控制爆破方法，按《爆破安全规程》GB 6722—2003操作施工；坚持"短进尺、强支护、快封闭、勤量测"的施工原则。

5）在洞口安设"进洞安全须知"标牌，所有进洞人员戴安全帽。

6）爆破：

（1）钻眼工作人员到达工作面地点时，检查工作面是否处于稳定状态；

（2）使用带支架的风钻钻眼时，支架安置稳定；

（3）站在岩堆上钻眼时，注意岩堆的稳定，防止操作中坍塌伤人；

（4）严禁在残眼中钻眼；

（5）洞内爆破作业要统一指挥；

（6）爆破后经通风排烟空气质量满足要求后才能进入工作面；

（7）当发现瞎炮时，由原爆破人员按规定处理；

（8）钻眼与装药不得平行作业。

7）隧道支护与衬砌：

（1）施工期间，经常对支护结构进行检查，当发现支护结构破坏时，立即进行修整加固；

（2）不得将支撑立柱放在虚碴或活动的石头上；

（3）衬砌工作台搭设不低于1m的栏杆，梯子安装牢固，不得有钉子露头和突出的尖角；

（4）工作台、跳板、脚手架的承载重量，不得超过设计要求，并在现场挂牌标明；

（5）在隧道内作业时，人员与车辆不得穿行。

8）注浆作业要求：

（1）注浆人员经过专门培训，并熟练掌握有关作业规程；

（2）注浆泵由专人负责操作，未经同意其他人不得操作；

（3）注浆人员在拆管路、操作注浆泵时戴防护眼镜，以防浆液溅入眼睛。

（三）环境保护管理

环境保护及水土保持目标：遵守乌兹别克斯坦有关环境保护的法律、法规和规章，按照合同要求，严格控制重要环境因素，做到少破坏、多保护、少扰动、多防护、少污染、多防治。施工污水排放、有害烟尘排放、固体废弃物、施工噪声符合标准要求。

1. 环境保护及水土保持体系

按ISO14000建立环境保护管理体系，制订管理程序，明确各职能部门的职责，制定完善的保证措施。

环境保护、水土保持体系见图5-6。

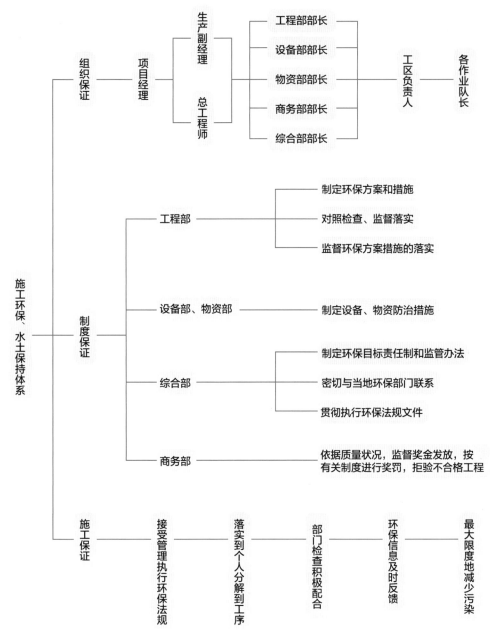

图5-6 施工环境保护、水土保持体系框图

2. 环境保护措施

开工前组织对全体员工进行生态资源环境保护知识学习，增强环保意识，保证环保工程质量，采取有效措施，使施工过程对生态环境的损害程度降到最低。

施工中采取有效措施，做便民利民环保工程。采用控制爆破，不影响其他设施正常安全使用。施工通道经常洒水，弃土场洒水湿润，污水处理后排放。

斜井洞口边、仰坡尽量减少开挖，开挖时应对边、仰坡进行防护，做到保护植被、绿化环境、水土保持。

合理布置施工场地，环境整洁，物流有序，标识醒目，标牌规范。

生产、生活设施尽量布置在征地线以内，少占或不占耕地，尽量不破坏原有植被，在其周围植草或植树绿化，创建美好环境。

做好生产、生活区的卫生工作，保持工地清洁。定点投药，防止蚊蝇鼠虫滋生，传播疾病。

3. 水污染防治措施

在斜井、正洞洞口设污水处理系统。设专人管理，对沉淀池打捞浮油，以及对隧道污水进行处理。

施工区域、砂石料场在施工期间和完工后，按设计要求妥善处理。

4. 大气污染及粉尘污染防治措施

对施工现场和运输便道等易产生粉尘的地段定时进行洒水降尘，勤洗施工机械车辆，使产生的粉尘危害减至最低程度。

给隧道施工人员发放防尘、防毒口罩等，并定期进行体检。

对易松散和易飞扬的各种建筑材料用彩条布、篷布等严密覆盖，并放于居住区的下风处。

加强施工机械设备的维护保养，减少排放废气对大气的污染。

5. 噪声污染防治措施

合理安排工作人员轮流操作机械。穿插安排低噪声工作，减少接触高噪声工作时间，并配有耳塞，同时注重机械保养，降低噪声。

货场仓库、生产房屋和振动设备等位置应尽量远离居住地。

机械运输车辆途经居住地时减速慢行，不鸣喇叭。控制机械动力布置的密度，拉开一定空间，减少噪声叠加。

6. 固体废弃物处理

固体废弃物（废旧材料和生产、生活垃圾等）按当地规定处理避免对生态环境的破坏。

7. 弃碴防护

遵循"先挡后弃"原则，在弃碴场坡脚设石笼，保证河道畅通。

在弃碴场顶外缘设环形截水沟，保证排水畅通，防止雨水冲走弃碴，填塞河流。

施工过程中保护碴场四周的植被，工程竣工后对碴场进行整治。

（四）工期保障措施

工期目标：在不遇到特别困难地质条件和外界条件的情况下，确保土建工程在36个月内完成。

1. 组织措施

建立以项目经理为组长、生产副经理和总工程师为副组长、职能部门和工区主任为组员的工期保证管理小组，决策重大施工问题，确定重大施工方案，分析施工进度，当实际进度落后施工组织设计要求时，提出加快施工进度措施。

2. 技术措施

1）利用CRTG先进成熟的施工技术、工艺方法，编制科学合理的实施性施工组织设计以指导施工。

2）采用凿岩台车、混凝土喷射手、自行式模板台车等大型机械设备，采用大型挖掘机、装载机配合自卸汽车实现正洞施工无轨运输，采用大型挖装机配合电瓶车牵引梭矿实现安全洞施工有轨运输，通过大型机械化配套实现施工进度的提高。

3）位于控制工期的关键线路，按主攻面和副攻面区别设置进度指标，对控制工期的主攻面要加强资源配置，强化现场组织管理。

4）采用先进的仪器设备进行全隧道的超前地质预报工作，将超前地质预报纳入工序管理并进行动态设计，确保工程安全顺利进行。

5）采用大功率风机，由CRTG技术中心制定专项通风方案并在施工过程中提供相关技术保障工作，确保洞内通风效果。

3. 制度措施

依据项目总体进度计划，项目部编制下发项目的年、季、月、周施工生产计划，制定全面完成计划的具体措施，对计划指标进行层层分解，并落实责任人。各参建单位必须建立健全计划执行情况的检查分析制度，对计划执行过程中出现的新情况、新问题，要及时采取措施解决，以保证计划的顺利完成。

项目部制定针对施工计划执行情况的奖惩办法，定期组织对各单位年、季、月度计划的实施情况进行检查考核，激励施工计划的按期完成。

4. 资源措施

1）人力资源计划

CRTG派出具有丰富施工管理经验及相关专业技术的优秀专业人才组成项目管理团队；四大中心（设备、物资、试验、技术）对项目对口提供支持；设计分公司联合勘测设计院派出四个分院的优秀专业设计人员负责项目的施工图设计及施工过程中的设计优化；承担主体结构施工任务的2个子公司均为CRTG综合施工技术水平领先的施工型子公司之一，相关管理人员及主要技术工人均从中国委派。另外招聘当地优秀劳务人员进行人力补充。

2）物资设备计划

由CRTG设备中心负责本工程的设备采购和发运，制定满足本项目施工要求的设备配置及进场计划；由CRTG物资中心负责本工程的物资采购供应，物资采购遵循尽量在属地采购的原则，国内物资采购需提前3个月提报计划，属地物资采购需提前1个月提报计划。在中国乌鲁木齐口岸设报关组、在乌兹别克斯坦塔什干口岸设清关组，保证物资设备的及时供应。

3）资金计划

项目部制定专项的验工计价及资金使用管理办法，确保项目参建单位合同费用的及时拨付。

第三节　施工任务分配

项目部下设进口、1号斜井、2号斜井、3号斜井、出口五个土建施工工区和一个机电设备安装工区，股份公司承担进口、1号斜井主隧道及安全隧道施工任务；一处公司承担2号斜井、3号斜井、出口主隧道及安全隧道施工任务，机电公司承担隧道的所有机电安装施工任务。为确保合同工期，任务分配遵循"不见不散"原则，根据项目总体施工方案，土建各工区完成任务量见表5-1。

土建各工区完成任务量表　　　　　　　　　　表5-1

施工子公司	施工工区	施工项目	施工长度（m）
股份公司	进口（西口）工区	进口安全洞	4670
		进口正洞	3354
		通过安全洞增援正洞	834
	1号斜井工区	1号斜井	1532
		1号斜井安全洞出口方向	4555
		1号斜井正洞进口方向	1281
		1号斜井正洞出口方向	3117

続表

施工子公司	施工工区	施工项目	施工长度（m）
一处公司	2号斜井工区	2# 斜井	3512
		2号斜井安全洞进口方向	455
		2号斜井安全洞出口方向	438
		2号斜井正洞进口方向	1059
		2号斜井正洞出口方向	1140
	3号斜井工区	3号斜井	1845
		3号斜井安全洞进口方向	3492
		3号斜井正洞进口方向	2790
		3号斜井正洞出口方向	1353
	出口（东口）工区	出口安全洞	5658
		出口正洞	4272

第四节　施工方案方法

（一）总体施工方案

1. 斜井

为增加正洞工作面，确保工期，沿隧道设置1号、2号、3号共3个斜井，安排3个作业队同时展开3个斜井的掘进施工以便尽快进入正洞施工。

2. 安全洞

通过进出口及1号、3号斜井施工安全洞，其中进口承担进口与1号斜井间安全洞，1号斜井到达井底后单方向向出口方向施工安全洞；通过出口施工与3号斜井间安全洞，3号斜井到达井底后单方向向进口方向施工安全洞。安全洞施工应尽量超前，以便尽快为通过安全洞支援正洞创造条件。进口与1号斜井、出口与3号斜井安全洞贯通后，安全洞2个掘进面均通过进出口实现有轨运输。

3. 正洞

1号与2号斜井之间正洞长度为4950m、2号斜井与3号斜井之间正洞长度3990m，是控制工期的关键线路。因此1号斜井到达井底后向出口方向设置为主攻面、向进口方向设置为副攻面；2号斜井到达井底后向进出口方向均设置为主攻面、向出口方向设置为副攻面；3号斜井到达井底后向进口方向设置为主攻面、向出口方向设置为副攻面。主副攻面进度指标区别设置。另外斜井进入正洞挑顶完成后首先向主攻方向进行掘进，待具备空间条件后再向副攻方向掘进。

正洞进出口具备快速施工的条件，与斜井贯通后可改善通风及运输条件，均设置为主攻面。

进口安全洞于1号斜井贯通后，此工作面作业人员及设备通过超前安全洞在1号与2号斜井间增开正洞掘进面增援正洞开挖（有轨运输），以缩短关键线路的工期。1号斜井正洞主攻面于增援段开口处贯通后跳过增援段在其前方通过超前安全洞再次进入正洞继续向出口方向掘进（有轨运输），同时由于原1号斜井正洞主攻面与增援段开口处已经贯通，增援段开挖面可由有轨运输转换为无轨运输（通过1号斜井或进口）。

出口安全洞于3号斜井贯通后，此工作面作业人员及设备通过超前安全洞在3号与2号斜井间增开正洞掘进面增援正洞开挖（有轨运输），以缩短关键线路的工期。3号斜井正洞主攻面于增援段开口处贯通后跳过增援段在其前方通过超前安全洞再次进入正洞继续向出口方向掘进（有轨运输），同时由于原3号斜井正洞主攻面与增援段开口处已经贯通，增援段开挖面可由有轨运输转换为无轨运输（通过1号斜井或进口）。

各工区施工方向及计划承担任务量见图5-7。

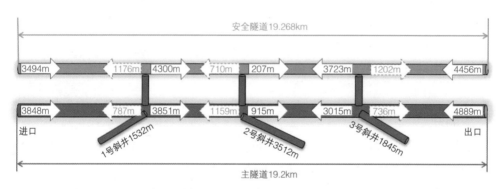

图5-7　各工区施工方向及计划承担任务量示意图

（二）施工方法

为保证隧道土建工程在36个月内完成，按照NATM原理进行设计和施工。

正洞和斜井采用无轨运输，凿岩台车钻孔装药，挖掘机、装载机配合自卸汽车运输，机械手喷射混凝土支护，正洞二次衬砌采用自行式模板台车同步衬砌，斜井全部不施作二次衬砌，对洞口段、斜井与正洞交叉口段及Ⅴ级软弱破碎围岩地段采取初期支护加强措施，设备配置见图5-8。

安全洞通过进出口采用电瓶车牵引梭矿有轨运输，履带式挖装机装碴；通过1号、2号和3号斜井施工区段采用无轨运输，装载机配合自卸汽车出碴。安全洞均采用多功能台架钻孔开挖及喷射混凝土支护。为确保安全洞的结构安全和防水效果，对富水及软弱破碎围岩地段采取地下水引排、注浆堵水等措施，对初期支护采取钢纤维喷射混凝土加强措施，设备配置见图5-9。

Ⅱ、Ⅲ级围岩采用全断面施工；Ⅳ级、Ⅴ级围岩采用台阶法施工。

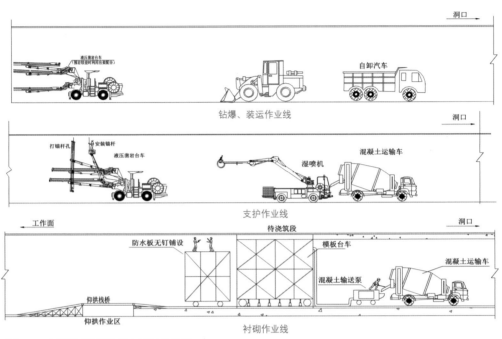

图5-8 主隧道无轨运输设备配置示意图

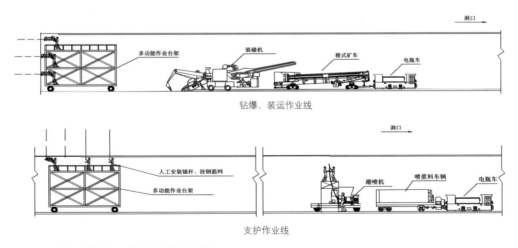

图5-9 安全隧道有轨运输设备配置示意图

第五节 施工进度计划

(一)施工进度计划安排原则

1. 隧道土建主体工程确保在36个月内完成。

2. 通过现场合理组织和科学管理确保斜井、安全洞和正洞主攻面达到较高的进度指标。

3. 强化资源配置及现场管理,尽量加快安全洞的施工进度,通过安全洞超前尽快通过安全洞增援正洞。

4. 强化资源配置及现场管理,尽快实现进口与1号斜井、出口与3号斜井安全洞及正洞的贯通,以便尽快释放资源、改善通风及运输条件。

5. 斜井、安全洞和1号与2号斜井之间正洞为全隧控制工期的关键线路,按主攻面和副攻面区别设置进度指标(副攻面平均进度指标为主攻面的67%),确保关键线路工期。

6. 充分利用既有施工资源实现均衡生产。

(二)工序循环时间计算及进度指标

1. 安全隧道(表5-2)

安全隧道进度指标   表5-2

类别	工序	围岩级别				说明
		V	IV	III	II	
安全隧道(有轨/无轨)	超前支护(h)	0.0	0.0	0.0	0.0	安全隧道综合指标 208m/175m
	开挖(h)	2.0	2.5	2.5	2.5	
	出碴(h)	2.0 /3.0	2.0 /3.0	2.0 /3.0	2.0 /3.0	
	支护(h)	3.5	2.0	1.0	0.0	
	循环时间(h)	7.5 /8.5	6.5/7.5	5.5/6.5	4.5/5.5	
	循环进尺(m)	1.5	2.0	2.0	2.0	
	理论月度进尺(m)	144/127	233/192	262/221	320/262	
	计划进度(m)	130/110	180/160	250/200	300/250	

2. 主隧道（表5-3）

主隧道进度指标   表5-3

类别	工序	围岩级别				说明
		V	IV	III	II	
主隧道 （进出口/斜井）	超前支护（h）	1.0	0.0	0.0	0.0	主隧道综合指标 161m/148m
	开挖（h）	2.0	2.5	2.5	2.5	
	出碴（h）	3.5 /4.5	4.0/5.0	4.0/5.5	4.0/5.5	
	支护（h）	5.5	4.5	2.5	1.0	
	循环时间（h）	13	11.0 /12	9.0/ 10.5	7.5/9	
	循环进尺（m）	2.0	2.5	3.0	3.0	
	理论月度进尺（m）	120 /110	163/150	240/205	288/240	
	计划进度（m）	90/90	130/120	210/190	230/210	

3. 斜井（表5-4）

斜井进度指标   表5-4

类别	工序	围岩级别				说明
		V	IV	III	II	
斜井	超前支护（h）	1.0	0.0	0.0	0.0	综合指标 178m
	开挖（h）	2.0	2.0	2.5	2.5	
	出碴（h）	3.0	3.5	4.5	4.5	
	支护（h）	5.0	4.0	2.0	1.0	
	循环时间（h）	11.0	9.5	9.0	8.0	
	循环进尺（m）	2.0	2.5	3.0	3.0	
	理论月度进尺（m）	130	190	240	270	
	计划进度（m）	90	160	220	240	

第六章 主要管理措施

Chapter 6　Major Management Measures

第一节　进度计划管理

(一) 进度管控总体措施

1. 做好前期施工调查工作,特别做好对施工影响较大的五大要素 (人、料、机、法、环) 相关影响因素的前期调查工作,通过调查分析整理出调查报告,为项目前期策划工作打好基础。

2. 做好图纸会审及工程量核对工作,充分把握本项目工程实物量及工程重难点,辨识工程施工风险因素。

3. 认真学习施工总承包合同,准确把握合同条款,明确施工方责任、权利和义务以及相关合同风险。

4. 以施工调查、图纸会审和总承包合同文件学习为基础,精心做好项目总体策划。项目实施过程中通过海外公司内部评审、集团公司项目信息评审、集团公司项目风险及合同评审、总公司评审等各个环节把控,超前谋划布局。2013年11月11~12日项目部组织东西口施工分部完成项目实施阶段总体策划,与会人员通过现场踏勘、听取汇报、岗位交流互动,确定就项目组织机构、施工方案和技术管理、施工组织和管理、施工资源 (人员、材料、机械)配置和管理、合同、商务和二次经营、项目目标等主要内容进行明确,为后续项目施工指明方向。

5. 召开施工组织讨论会,科学编制《乌兹别克斯坦安格连-帕普电气化铁路隧道总体实施性施工组织设计》,制定总体施工计划和阶段目标节点。

6. 细分总体施工计划,编制年、季、月、周施工进度计划,并依据《乌兹别克斯坦安格连-帕普电气化铁路隧道总体实施性施工组织设计》编制《项目资金计划》《设备采购计划》《材料采购计划》和《劳动力进场计划》,按计划进行资源配置。

7. 按照"总体总量控制、前期适度超前富有"原则组织本项目所需施工资源。本项目为海外项目,项目所在地建筑材料及建筑机具设备资源匮乏,且采购成本较高,大部分建筑材料及建筑机具需从中国和邻近俄罗斯进口,为了满足正常施工需要,节约项目成本,各类资源计划应超前项目施工2~3个月。

8. 建立健全施工进度管理体系,项目部、分部及工区分别成立隧道快速施工工作组，明确各级管理人员进度管理职责，做到"人人知其责，事事有人管"。

9. 做好施工计划，确保计划的科学性和执行过程中的严肃性。遵循施工规律，认真分析影响施工进度的因素，并找出影响进度问题的解决办法，明确问题落实责任人。项目分不同周期（年、季、月、周）编制生产计划，并组织召开不同形式的生产动员会，部署生产任务，统一工作思路。

10. 加强施工计划的动态管理：以总体进度计划为卡控红线，关键线路施工进度计划管理为核心，工序时间卡控为卡控手段，确保总体进度计划的顺利实现。

11. 项目部、分部及工区根据自身职责分别制定《月施工进度考核办法》《工序作业时间考核办法》《出碴考核办法》，通过考核提高管理效能，减少工序衔接时间浪费，调动工人作业积极性，推动生产快速良性开展。

12. 做好施工生产的后勤保障工作：①做好设备供给、设备养护维修、设备配件的保障工作；②做好项目资金的及时到位落实；③做好材料超前计划、材料适度超前进场、保障材料及时供应；④做好劳动力配置，组建较强劳动能力班组；⑤做好施工现场的技术服务支持，编制科学施工方案和下发施工技术交底，做好日常技术培训，现场面临施工困难时现场工程师应及时肩负起困难攻关任务，找到解决办法，帮助现场顺利解决现场技术难题；⑥后勤部门做好员工生活起居饮食、日常生活娱乐、工地生活送饭、现场基本医疗与防疫等工作。

13. 加强项目实施过程中进度监管，每日共享施工报表（含日施工进度、月施工进度、开累施工进度、剩余工程量、剩余节点目标任务进度指标），让所有管理人员做到进度在我心，一切保进度。

（二）着力施工组织管理，力促项目生产有序正常推进

项目实施阶段，从总体施工组织编制到施工组织变化超前预判及动态优化，项目生产及技术管理人员群策群力，从施工组织方案的科学、合理、经济等多方面因素综合考虑，力促项目生产正常有序推进。

1. 总体施工组织编制：本着向关键线路要工期，向非关键线路要效益，均衡组织施工的编制原则，确定项目关键线路与非关键线路，设置主攻面与副攻面，在资源组织上主攻面资源充分配置，副攻面分段流水作业，强调资源重复利用。

2. 施工组织超前预判及动态优化：本着施工组织优化超前分析预判的指导思想，及时优化。随着施工的进展及施工条件的变化，动态的施工组织方案是确保项目成功的基础工作，项目部自成立之初便确立了动态管理的思路，在施工过程中不断讨论研

究施工组织方案，针对现场施工边界条件的变化及时做出正确的动态调整。

1）2号斜井设置方案论证与优化：据现场进度指标验证，在2号斜井计划承担主隧道施工不足2km的情况下，为确保项目工期确定设置2号斜井。

2）1号、3号斜井安全洞运输方案有轨、无轨论证与优化：在保证项目工期不变的情况下，考虑井底车场建设成本高、无轨运输灵活方便、湿喷工艺先进等因素，通过分析、比较及测算，确定1号、3号斜井有轨运输方案改为无轨运输方案、潮喷工艺改湿喷工艺，从而减少工程成本投入2583.32万元，也提升了施工作业效率。

3）增设2号斜井支洞方案优化：因2号斜井岩爆影响严重（2014年2月份开始）及F7断层远超设计预期（实际断层带长度592m）、3号斜井井底主隧道岩性接触带（原设计Ⅲ级围岩，实际揭露Ⅳ级、Ⅴ级围岩达1167m)不良地质影响，造成施工进度分别滞后原施工组织2~3个月。考虑到2号、3号斜井间正洞也要通过F7断层，向3号斜井方向增设支洞可有效减少两斜井间正洞长度、增加工作面，降低工期风险。经计算比选，决定设置272m长的支洞，可使2号、3号斜井间长度缩短600m，缩短关键线路工期约3个月，有效降低了工期风险。

4）停挖出口主隧道施工组织优化：由于2号井于2015年8月6日提前2个月到底，为确保2号井底各工作面及时展开施工，缩短关键线路工期，提前停挖非关键线路的出口主洞开挖施工，将开挖、运输设备调入2号斜井工区，3号斜井至出口剩余500m开挖任务由3号斜井完成，从而使总体工期提前。

5）斜井井底施工方案论证优化：三个斜井井身开挖完成前，项目部组织相关分部、工区对井底施工方案进行论证优化，确保井底施工方案合理可靠。

（三）精细化生产管理，保证项目快速高效施工

项目实施过程中项目部认真组织学习总公司精细化管理要求，通过学习鲁布革、盘道岭项目成功经验，结合项目生产实际组织内部研讨交流，聘请国内知名专家赴乌兹别克斯坦开展海外项目管理培训等多形式、多渠道的管理提升措施，对项目生产实行精细化管理，保证项目快速高效施工。

1. 精细计划管理、确保计划完成

项目实施过程中，推行"PLANNING THE WORKS AND WORKING THE PLAN"全时、超前计划工作理念，以项目总体进度计划为纲，按年、季、月、周计划不同周期动态及超前梳理、修正、补充、完善项目计划。每期计划中突出生产进度及产值安排前提，在此基础上分解配套的人员计划、设备计划、物资供应计划、资金使用计划等。

项目部依据总体进度计划，编制下发年、季、月、周施工生产计划，制定全面完成计划的具体措施，对计划指标进行层层分解，并落实责任人。各参建单位建立健全计划执行情况的检查分析制度，对计划执行过程中出现的新情况、新问题，及时采取措施解决，以保证计划的顺利完成。

2. 推行工序时间卡控，实时把控生产动态

项目部通过每日动态分析隧道开挖情况，分工区分作业面统计分析立拱、非立拱作业总循环数、总开挖时间、平均进尺（m/d、m/环）、平均时间（环/d、h/环）、总装药量、平均装药量等指标，动态更新，准确把控现场施工动态，力求做到第一时间发现问题，第一时间调查分析问题，第一时间控制解决问题。

衬砌、仰拱施工过程中对施工进度、混凝土设计工程量与实际工程量偏差每日统计分析，掌控现场施工进度的同时，实时为项目成本分析提供动态数据支持。

通过编制各贯通面间贯通时间推算表、隧道施工形象进度图等管理图表，做到每日对贯通时间的分析比对，每日动态更新项目形象进度，实时掌控现场实际进展与计划的偏离情况。

3. 精准问题管理，有效解决问题

把问题当资源管理。以"危险和问题"意识不断针对目标识别项目实施过程中存在问题及潜在问题。

时间问题关系管理（三个"第一时间"）：第一时间发现问题，第一时间调查分析问题，第一时间控制解决问题。对本项目而言，工期的紧迫性是第一位的，认准了"时间"这个最主要的问题，也就牵住了项目矛盾的牛鼻子，抓准了三个"第一时间"也就找到项目最后胜利的钥匙。

QQ群（周）例会及时说问题；月度生产会定主题；系统经理专题会解决各种专项问题（召开各种专题会近100次）。项目开工以来领导层即达成共识：开有效的会议，解决实际的问题才是保证项目快速高效、有序推进、最终实现目标的根本所在。项目开工以来，始终坚持QQ群（周）例会提出问题、解决问题，月度生产会定主题、集中解决群会遗留问题和综合性问题，系统经理专题会统筹解决重大专项问题。要求三级主要管理者（项目部、分部、工区）不得无视问题、忽视问题、回避问题，做到主动作为、负责任、想办法、起作用，开展谋略性、挖掘性、创造性工作。

（四）强化执行力建设，确保各项计划任务、节点目标顺利实现

项目部设立了专项奖励基金，制定针对施工计划执行情况的奖惩考核办法，过程中

编制《乌兹别克斯坦铁路项目部施工月度考核办法》并根据项目实施不同阶段的工作重点进行了四次修编，根据业主及集团公司领导要求，针对特殊攻坚目标发布《关于成立隧道快速施工工作组的通知》《关于快速施工阶段总结及奖励的决定》《关于对2号斜井井身开挖节点目标实施奖罚激励措施的决定》《3月11日确保项目工期专题会议纪要》（3.31全隧开挖贯通）《关于对剩余工程施工进行节点考核的通知》（5.31铺轨通车）《乌兹别克斯坦卡姆奇克隧道7.28合同关门工期前主要工作计划和活动》等专项施工计划安排及出台专项奖罚考核文件，实施过程中采取定期组织对各单位年、季、月度计划的实施情况、特殊攻坚阶段任务完成情况进行严格检查考核，奖优罚劣，兑现奖惩至个人等措施，确保各项计划任务、节点目标顺利实现。

第二节 合同商务管理

（一）内部合同管理

本项目充分发挥"集团优势"，根据《关于明确乌兹别克斯坦安格连–帕普铁路隧道项目内部经济关系有关问题的通知》的规定，项目经理部需要与集团公司内部参建单位签订内部合同，详述如下：

1. **与设计单位签订内部勘察设计承包合同**

项目经理部与隧道设计院（后股份公司企业内部重组为中铁六院）和隧道设计分公司（后集团公司企业内部重组为勘察设计研究院）组建的联合体签订了《内部勘察设计承包合同》，合同中明确设计分部的工作范围是：项目的勘察设计工作，包括隧道全线地质勘察（初测、详测及定测），设计阶段的工程测量（测量桩点的埋设及交桩，地形图的测绘），工程可行性研究报告、施工图的设计、变更及优化，现场配合施工，设计概预算、设计标准及设计报告的编制，安全风险评估报告编制、超前地质预报（TSP、红外探测、超前钻孔、地质素描）等。

2. **与施工单位签订内部施工承包合同**

项目经理部与隧道股份、一处分别签订了《工程施工承包合同》，明确其施工收入为"施工图预算分劈金额+合同外收入分劈金额+设计结余分劈金额+风险结余分配价款"，明确其工作范围及职能。

3. **与集团公司"四大中心"签订内部服务合同**

项目经理部与试验中心签订《工程材料检验、试验服务合同》，约定由试验中心成立工地试验室，进行独立的试验工作管理；与设备中心签订《机械设备供应采购合同》，按精细化要求规范项目设备的采购程序，降低采购成本；与物资中心签订《物资采购服务合同》，控制物资采购成本，确定物资发运途径、国际运输途径等，由物资中心代为采购国内物资；与技术中心签订《隧道通风服务合同》，发挥技术中心的技术优势。

通过对内部合同的管理，可有效调动集团公司各个参建单位的积极性，最大限度地发挥集团"四位一体"优势，努力实现项目效益最大化。对各参建单位的收入也按照"基本费用+收益"的方式（即"A+B"）模式进行分劈和控制，项目经理部对各参建单位费用及时明确和期中结算，确保参建单位收入确认和成本核算的及时性。

（二）内部验工计价

本项目与国内传统的A类项目相比，内部验工计价管理上要更加复杂，具体表现在以下方面：

1. 设计限额设定及控制

本项目是设计施工总承包项目，项目部具有控制投资、节约成本的管理职能，因此，需要在设计阶段设定设计限额。在设计没有审批阶段，项目按照总包合同中的工程量清单对分部进行"暂计价"，暂时明确施工分部的收益，但总包合同中的工程量清单具有投标阶段商务运作的特点，在隧道开挖中设置了不平衡报价的因素，"暂计价"并不准确。因此，在设计文件基本成熟以后，项目部组织设计分部，参照国内现行的概预算编制办法，并充分考虑到国外因素和本项目特点编制了施工图预算（土建和机电安装），作为对施工分部和机电安装分部内部计价的工程量清单，在预算中考虑到相应的风险，从而确保设计限额的落实。

本项目概预算编制过程中考虑的国外因素和项目特点有：

1）人工费的确定。考虑到项目工期压力和中国工人薪酬的增加，经反复测算，预算编制期人工费最终确定为国内标准的3倍。

2）施工设备购置费单列。根据总包合同第四部分"业主要求"第11条的规定，承包商应购买施工、安装、钻爆或其他相关工程所需要的一切机械、设备、装置，供应至乌兹别克斯坦，办理清关手续，考虑到设备的自然磨损，设备和机械在移交业主时应为可操作状态。因此，项目具有在完工后将施工设备移交给业主的特点，编制施工图预算时，为了鼓励施工分部提高设备的利用率，在综合考虑了施工组织设计、设备进场计划的前提下，对设备原值和运费进行了估算，考虑了部分设备系数后，将设备投入作为"一次性机械摊销"单独列项，总价包干，过程中不再调整。

3）"岩爆费用"的单列与包干。在施工图预算编制期，项目的岩爆地质灾害呈现常态化趋势，岩爆导致了较为严重的工效降低。在岩爆地段施工中，施工人员往往需要被迫停工避险并增加防护性支护，不仅影响施工进度，也增加了投入，在施工图预算（土建）中也对此项专项列支，作为对施工分部遭受岩爆的补偿，总价包干。

4）安全隧道"复喷"费用。根据总包合同和乌兹别克斯坦规范，安全隧道并非需要全部设置二次衬砌，但为了确保工程质量，发挥安全隧道的使用功能，并在外观上更加美观，在设计安全隧道未设二次衬砌地段按喷射混凝土"复喷"进行处理，在施工图预算中也对此项费用进行了估算，实行总价包干。

5）"防火门"进入暂估价。根据总包合同，项目在横通道交叉口需要设置防火门，防火门的标准及费用很难估计，因此在施工图预算（机电安装）中，对此项费用进行了预估，列入暂估价中。

6）"基本预备费"的设定与包干。项目实行动态设计，实际围岩与设计围岩存在较大差异，在预算中设置了工程费用为基数5%的基本预备费，在计价过程中也按照设计围岩进行计价，从而鼓励分部控制投资。

2. 对施工分部计价的总体思路

对分部验工计价的主要思路体现控制投资的特点，主要表现在：

1）在动态设计中的过程变更，若连续变更长度小于100m且总价低于500万元，计价上按原设计施工断面图进行计价，施工单位发生的正变更费用不予增加，发生的负变更费用不予核减。

2）基本预备包干费中总价的70%，作为动态设计变更中的风险费，按分部正常计价金额的相应比例按期对分部计价。

3）剩余基本包干费用的30%，由项目经理部根据现场实际情况统筹使用，具体用在地质发生较大变化并较长时引起的停工窝工，作为地质变化时对施工单位的补偿，在工程结束后若有剩余，将按施工单位的完成情况进行分劈。

4）若连续变更长度大于100m，且费用超过500万，从风险费中列支。

（三）外部验工

与国内申请验工计价方式的不同，业主并没有成熟的涉外项目管理模式，因此在外部验工上，也没有确定的资料格式、资料标准和内容，项目的外部验工是在摸索中前进的。

在和业主初步协商后，项目前期按照总包合同附件3《工程量清单》作为验工计价的基础，编制IPC表格，但对支持资料没有提出具体要求。监理单位进场后，提出了支持资料的要求，项目随即同业主进行了沟通，提出附件资料应包括：

1. 设计部分

将清单中概念设计和详细设计按图册进行计价，以最终批复的图册作为验工计价的基础。

2. 施工部分

向监理和业主提供进度报告（Progress Report），明确每月完成的施工里程和围岩级别，其中对围岩级别做出特殊要求，按地质素面资料（Face Mapping）作为评判隧道围岩分级的主要格式；以验工申请单（Request For Inspection）作为质量合格的主要资料。

3. 提供月度报告的格式（Monthly Report），分俄语和英语两部分向业主提供当月进度情况、人员情况、材料组织情况和投资情况。

IPC资料及其支持资料通过现场收集基础资料，首先报给总监理工程师审批，最后报给业主批复。业主在IPC表格签字后提交给NBU银行，并由NBU银行按照贷款协议向中国进出口行发出付款申请，企业办理入账手续后，验工流程全部结束。

（四）变更及索赔

本项目是设计施工总承包项目，对合同价格锁定，在对外变更索赔上，难度较大，对此提出了如下观点：

1. 对固定总价合同而言，"成本内控"和"尽早计价"就是最大的"二次经营"，内控主要举措包括免税清单办理、变更计价方式、对分部成本管理的指导

1）免税清单办理

本项目受乌兹别克斯坦总统令保护，对乌兹别克斯坦进口的物资、设备免征关税，但办理免税清单是一个漫长而又艰难的过程，需要乌兹别克斯坦政府多个部门进行审批。而在办理过程中，由于工期压力，项目被迫以"临时进口"的方式向工地运送施工设备和物资，存在补交关税的巨大成本风险。尽早办理免税清单作为"成本内控"的一个举措，是非常必要的。项目的策略是：鉴于报批的设备和物资种类繁多，计划"分批次""分步骤"地进行办理，对项目设备和主要的物资先行办理免税清单。根据合同，主要施工设备将在工程完工以后移交给业主，在办理过程中将压力及时传递给业主，达到尽快办理成功的目的，熟悉其工作流程之后，项目部再进行剩余物资和设备免税清单办理。免税清单全部办理完毕以后，将免税清单作为合同的一个附件，签订补充协议，规避以后补缴税款的风险。

2）变更计价方式

在项目投标阶段，为了方便项目的验工计价，在合同总价确定的基础上，以投标暂估的工程量编制了BOQ清单，确定了单价，并作为合同的附件。但随着设计文件的提交，主隧道、安全隧道的围岩级别和斜井的长度均较投标阶段有较大优化，若按确定的围岩级别和斜井长度乘以BOQ清单的单价进行验工计价，最终将比合同总价减少约3600万美元，这将对项目资金及时回笼带来巨大风险。

为了尽早实现资金回笼，项目部将变更原计价方式作为确保"成本内控"的一个重点，具体做法是：对安全隧道和主隧道的围岩级别优化，不再按原来的围岩级别进行计价，调整为按延米长度，或按完工百分比进行计价；对斜井数量的优化，增加原BOQ清单中缺的一些工程量（如沟槽、预留洞室等），向监理和业主提出变更申请，尽快签订补充协议，规避潜在风险。

3）对分部成本管理的指导

按集团公司相关要求及时收集成本资料，对资料进行合理归类和整理，是成本内控的重要因素。

2. 不良地质条件带来的工期和费用索赔

1）岩爆

根据地质勘查资料和已经揭露的工程地质，自2014年2月份开始，2号斜井首先出现岩爆现象，随后进口主隧道、安全隧道、1号斜井、3号斜井也发生了不同程度的岩爆，尤以2号斜井岩爆最为严重，岩爆在整个施工过程中呈现出"常态化"趋势，项目存在着安全、进度的较大潜在风险，因此岩爆也将作为工期和费用索赔的一个重点。

根据合同，岩爆已作为合同中明确的"其他困难地质条件"。项目部根据现场已经揭露的地质，及时向工程师写信告知现场已经遭遇的"岩爆"地段、烈度和影响，按FIDIC索赔条款向工程师和业主提出索赔，索赔金额超过1800万美元，索赔工期超过6个月，但未得到业主批复。

2）断层

根据地质勘查资料，项目在实施过程中，将通过F1～F7断层，其中F7断层破碎带探测85m（对应施工区域，主隧道：MK50+595－MK50+680，安全隧道SK11+445－SK11+530，2号斜井DK1+496－ⅡDK1+581），F7断层满足"不可预见的物理条件"中"大型断层及破碎带、自稳能力差、富水，可能引起大型失稳坍塌，破碎带–破碎区域不小于50m,影响区域大于150m,破碎带土质硬度小于1"，因此断层将作为商务索赔的一个重点。项目部2015年2月21日就2号斜井遭遇F7断层向业主索赔费用318.62万美元，索赔工期50天，监理同意了承包商工期索赔的要求，但费用却遭到业主的拒绝。

3）业主原因带来的工期和费用索赔

合同中也明确了业主应该承担的义务和责任，若遇到以下条件，项目将随时关注事态发展，及时向工程师写信告知，能形成商务索赔的按实际情况申报索赔信。

项目部在2013年3月28日曾就火工品仓库建设缓慢，增加承包商成本向业主提出过索赔，但遭到业主的拒绝；项目部也将频繁断电作为索赔要求，但业主以向承包商提供发电机为由，拒绝了承包商的要求。

（五）体会及建议

1. 对项目商务合同里中乌双方理解性差异的思考

1）关于优惠运输

业主在合同谈判期间，曾经提出"业主以更多优惠为承包商提供在乌兹别克斯坦境内的运输服务，业主将提供单独合同，来明确这些优惠措施"。我方认为采用此条款可以降低实际成本，因此在原来报价的基础上降低了500万美元。但事实上，项目在实施阶段并未能按照该条款降低成本，在铁路运输方面，当时没有安格连海关至现场附近的铁路线，在公路运输方面，也并没有实现真正的优惠。

2）关于锁定材料价格

合同谈判期间，业主提出锁定电力、水泥、金属和火工品等主要材料价格的条款。我方认为，在项目实施阶段，实际采购的上述物资均应按照此条款进行价格锁定，否则业主将给予补偿。但事实上，只有电力（7美分/kWh）和炸药（3美元/kg)真正锁定了价格，水泥和钢材由于无法在乌兹别克斯坦国有公司足额采购，无法实现价格锁定，水泥价格锁定60美元/t，实际采购价65美元/t，钢材只能从中国和俄罗斯进口，价格不能锁定，但幸运的是，受国际大环境影响，钢材都比当时锁定价格下降很多。

3）关于设计标准

在合同谈判期间，在合同中达成了"承包商应遵守乌兹别克斯坦规范，但隧道结构和防水可使用中国规范"或"使用不低于乌兹别克斯坦标准的中国规范"。我方理解，中国规范普遍高于乌兹别克斯坦规范，且由于当时对乌兹别克斯坦规范并不了解，因此没有列入乌兹别克斯坦规范的名录。

但事实上，由于在合同中没有明确列入应该使用的乌兹别克斯坦规范名录，导致设计审批过程中乌兹别克斯坦经常拿出俄罗斯规范，或者乌兹别克斯坦国内最新颁布的规范，强行要求我方使用新规范进行设计，否则不予审批，如主隧道结构设计中，乌兹别克斯坦要求IV级围岩衬砌的荷载计算按新颁布的乌兹别克斯坦荷载规范进行设计，最终导致我方增加了原设计IV围岩的配筋数量，也增加了成本；在消防设计方面，业主多次以乌兹别克斯坦消防局颁布的一些政令和规定，强行要求我方在消防设计上采用自动消防设计（预算约增加4500万元），但最后经过多次沟通，规避了自动消防设计方案。

4）关于设计审批

在合同谈判期间，我方按照合同理解，只要工程师签订和批准了设计文件，即表示设计文件得到了认可，可以用于施工。但事实上，设计文件在工程师和业主认可后，还需经过乌兹别克斯坦国家建筑委员会（SAC）的最终审批，业主以设计验工对我方进行要挟，要求由承包商出面完成SAC对设计的全部审批，这不仅增加了设计工作的难度，也延缓了设计验工计价的进度，设计产值直到2015年年底才最终完成验工。

5）关于合同总价

我方理解，本项目属于固定总价合同，当承包商完成全部合同约定的工作时，业主就应该将全部产值按合同固定总价进行验工，事实上，验工计价是按照合同附件中存在工程量清单进行的，而项目由于设计优化，斜井长度由原来清单上总长度8000m优化到6979m,主隧道和安全隧道的实际揭露的围岩级别也好于清单约定，导致总额约2265万美元因原清单数量不足无法计价，最终只能通过签订补充协议的形式进行弥补，签订补充协议增加了安全隧道的长度和横通道的衬砌，加大了成本。

2. 项目组织模式的思考

1）乌兹别克斯坦铁路隧道项目部是一个完全意义上的"项目经理部"，项目经理部负责全部大合同的管理和绝大部分的设备物资采购，如果对之适用国内A类指挥部的定义和管理办法，则可能出现集团公司和项目部的管理目标错位。如何建立有效的国外"A"类项目的管理机制值得进一步的研究。

2）在参建单位的选择上，在选择阶段和建设阶段，是否可以部分地引入外部因素，也是一个值得思考的问题。外部因素的介入不仅会有效促进项目管理水平的提高，而且会在参建单位之间建立更加理想的竞争生态。总体上来说，尽管发挥集团优势是可行的，但适当采用引入外部参建力量对企业和项目部管理团队的成长应该是有益的。

第三节 质量管理

（一）质量管控体系的建立

根据《中铁隧道局集团有限公司工程质量管理办法》，结合"质量管理体系"系列标准及本项目工程实际情况，建立健全了项目质量管理体系。明确质量管理目标，成立以项目经理为首的质量管理领导小组，负责工程质量管理的组织领导工作，建立了质量保证体系（图6-1）。

执行集团公司质量管理制度，主要包括质量责任制、开工前检查制度、设计文件审查制度、技术交底制度、工序三检制、工序交接制度、隐蔽工程检查验收制度、测量复核制度、施工过程检查制度、原材料半成品和成品现场验收制度、仪器设备的标定制度、施工资料管理制度、质量预控制度、质量事故报告制度、质量责任追究制度。

质量管理过程控制方面，强化自控，严格执行各项质量管理制度。项目部与分部编制了《施工质量计划》，明确质量职责、管理程序和作业程序，对质量形成的各个环节进行控制。项目部设置中心试验室和工地试验室，全面系统地对原材料、混凝土、成品质量等进行过程监控。定期进行质量大检查，不定期进行专项质量检查、抽查，并在每月的月度考核中反映，对业主、监理提出的问题，及时整改回复。

（二）采取的主要技术和管理措施

1. 翻译乌兹别克斯坦主要的设计和施工规范，加强学习。借助代理公司，深入了解乌兹别克斯坦质量管理方面的法律法规、施工规范和验收要求，为质量控制做指导。同时，通过网络学习、市场实地调查、业主帮助、走访本地人、拜访乌兹别克斯坦工作的华侨等多手段快速学习和了解施工环境，快速摸清与施工密切相关的地质、水文、气候、人文、宗教、法律、本地建材供应、本地劳动力供应等环境因素。

2. 针对隧道长、测量短边多的特点，积极落实测量复核制度，督促工区之间交叉换手复核，按要求进行局、处精测。局精测队作为第一级，隧道每掘进1000m进行一次复核，并延伸布置洞内一级控制点；子分公司精测队作为第二级，隧道每掘进600m进行一次复核，并延伸布置洞内二级控制点；工区测量队作为第三级，负责日常施工测量及日常普通控制点的延伸布置和复核，遵循"先全局后细部、先控制点后施工放样"由上至下层层测量把关，保障施工测量精度。

出口工区引进6台激光导向仪，增加开挖精度的同时，减少了测量放样时间。2号

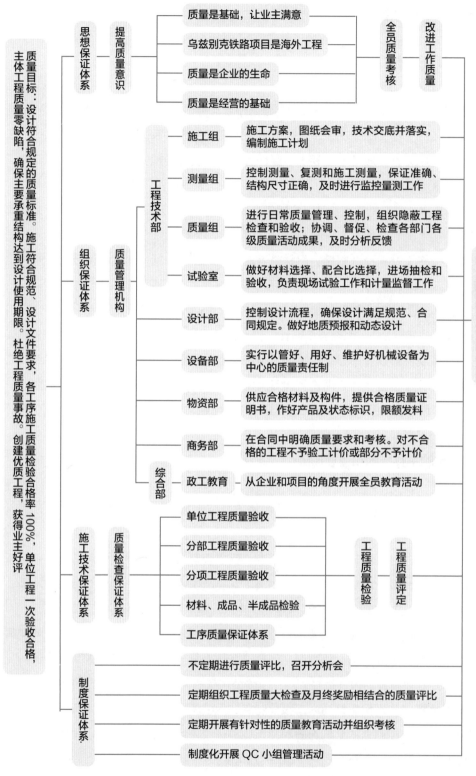

质量目标：设计符合规定的质量标准。施工符合规范、设计文件要求，各工序施工质量检验合格率100%，单位工程一次验收合格，主体工程质量零缺陷，确保主要承重结构达到设计使用期限。杜绝工程质量事故。创建优质工程，获得业主好评

思想保证体系

提高质量意识
- 质量是基础，让业主满意
- 乌兹别克铁路项目是海外工程
- 质量是企业的生命
- 质量是经营的基础

全员质量考核 — 改进工作质量

组织保证体系

质量管理机构

工程技术部

施工组	施工方案，图纸会审，技术交底并落实，编制施工计划
测量组	控制测量、复测和施工测量，保证准确、结构尺寸正确，及时进行监控量测工作
质量组	进行日常质量管理、控制，组织隐蔽工程检查和验收；协调、督促、检查各部门各级质量活动成果，及时分析反馈
试验室	做好材料选择、配合比选择，进场抽检和验收，负责现场试验工作和计量监督工作

设计部 — 控制设计流程，确保设计满足规范、合同规定。做好地质预报和动态设计

设备部 — 实行以管好、用好、维护好机械设备为中心的质量责任制

物资部 — 供应合格材料及构件，提供合格质量证明书，作好产品及状态标识，限额发料

商务部 — 在合同中明确质量要求和考核。对不合格的工程不予验工计价或部分不予计价

综合部

政工教育 — 从企业和项目的角度开展全员教育活动

施工技术保证体系

质量检查保证体系
- 单位工程质量验收
- 分部工程质量验收
- 分项工程质量验收
- 材料、成品、半成品检验
- 工序质量保证体系

工程质量检验 — 工程质量评定

制度保证体系
- 不定期进行质量评比，召开分析会
- 定期组织工程质量大检查及月终奖励相结合的质量评比
- 定期开展有针对性的质量教育活动并组织考核
- 制度化开展QC小组管理活动

保证质量目标，让业主满意

图6-1 质量保证体系框图

斜井和3号斜井，斜井长，井口、井底均为短边，同时斜井内空气、温度、湿度、能见度、气压都不稳定，对仪器的运行有很大的影响，故采用了强制对中措施，把对中误差减到最小。

3. 针对岩爆普遍、节理裂隙发育的特点，为控制好开挖成型，采取了多项措施。项目部开展岩爆科研攻关，根据研究成果采用悬臂小导管进行超前支护，减少岩爆掉块造成的超挖和不平顺。采用光面爆破，当地无竹片，用木片代替进行间隔装药，微差起爆。为减少开挖后围岩松动掉块，及时进行初喷加固围岩。每2.5～5m一个断面，进行超欠挖检查，对班组进行超欠挖考核。

4. 乌兹别克斯坦水泥厂较陈旧，水泥细度波动较大，水泥运输到现场后，先检验后使用，借助业主督促水泥厂确保水泥质量稳定。针对水泥强度低的特点，采用湿喷机械手进行湿喷，确保初支质量稳定，Ⅱ、Ⅲ级围岩二衬采用纤维混凝土，Ⅳ、Ⅴ级围岩二衬增加钢筋，减少二衬裂纹并确保二衬足够的安全储备。

5. 编制冬期施工方案，确保混凝土质量。冬季场外储备砂石料采取塑料薄膜覆盖，减少含水量；搅拌站料仓采取封闭、加热措施，仓内温度按10℃控制；外加剂按说明书储存于洞内或房间内，避免失效；设置热水锅炉加热搅拌水，根据热工计算和实测温度控制水温；混凝土搅拌、运输采取保温措施，检测记录入模温度，按5℃控制。

6. 中乌工人混编，由中国熟练工人带领乌兹别克斯坦工人作业，加强培训和施工过程检查。

把员工培训贯穿到施工生产全工序和全周期。项目实施初期，人员构成主要为中国员工，大多数项目管理人员和作业工人都是首次走出国门，对所处环境极其陌生，无海外施工和生活经验，缺乏安全感和工作自信心，此时员工培训工作重心主要为：①安抚员工思想，稳定员工队伍，树立员工自信，让每一位敢于出国的中国员工都能安心、自信地生活在异国工地，为各工序施工生产提供坚强的劳动力保障。②对员工进行"关于乌兹别克斯坦国情、宗教信仰、社会治安、法律法规、中乌关系现状、人情社会等培训"，让中国员工尽快熟悉所处施工环境。项目实施中后期，员工构成为中乌员工混编，此时员工培训工作重心主要为：①员工作业技能培训和安全教育培训。要想项目干得好，必须拥有好的项目员工，员工必须拥有过硬的劳动技能，只有通过不间断、由浅入深的作业技能培训和安全教育培训，才能培养出一批优秀的工人骨干，将优秀骨干送至各工序作业班组班长岗位，由班长手把手地传教培养出更多技能过硬的劳动工人。②中乌员工相互交流能力培训。聘请翻译给中国人开展乌语培训班，给乌兹别克斯坦人开展汉语培训班，提高员工相互交流能力，增进员工情谊，更好开展工作。

7. 质量管理作为月度考核的一部分，质量方面正常情况下考核权重占10%，每月末进行质量考核评分，做得好能起到带头作用的可以加分，80分为及格分，得分低于80或高于100时质量考核权重将超过10%。月度考核中质量考核按以下公式计算综合得分：

1）月度考核中质量综合得分=(A-80)/(100-80)×B；

2）A-质量评分表得分（百分制）B-质量考核权重，即10分；

3）月度考核得分大于85分的给予奖励，否则进行罚款。

通过设置本考核规则，确保了现场快速施工时保持质量稳定，对促进质量改进提高也起到一定的作用。

8. 按合同要求，本项目设计、施工参照乌兹别克斯坦规范进行，乌兹别克斯坦规范未规定的，可以参照中国规范执行。为了避免不确定性造成技术风险，项目部组织编制了《安格连－帕普电气化铁路隧道施工图设计原则》《安格连－帕普电气化铁路隧道机电系统施工图设计原则》《乌兹别克斯坦卡姆奇克隧道施工技术指南》，用于本项目的设计、施工指导，锁定技术风险。

本项目业主、监理和施工分别来源于乌兹别克斯坦、德国和中国，国家质量标准差异很大，各国施工工艺不尽相同，为满足各方质量诉求，同时也是为了"干好一个项目，拓展一方市场"，在满足设计参数的情况下，施工工艺及质量要求明确标准的按照明确标准实施，未明确标准的部分按照中国高铁标准执行，提高整体质量水平。

9. 项目部高度重视海外工程防排水施工。每个工区防排水工程均按首件制要求，进行开工前评估、检查。过程控制中，严格执行报检制度，按初期支护面排水板、土工布、防水板、止水带等报检顺序，其中初期支护面检查重点为欠挖、钢筋、锚杆头等处理，测量组在国内每5m断面的基础上，增加到2.5m一个断面，减少盲区造成衬砌欠厚的可能性，同时对欠挖处理完成部位需再进行复测报验。

在排水板的铺设上，采取动态调整的原则，根据开挖过程中围岩完整性及渗水情况，专业人员在初支面上标识出哪些部位需要铺设排水板，动态调整排水板铺设位置，确保排水效果。

在防水板铺设上，首先对每批次进场材料进行焊接试验，主要为防水板与防水板之间、防水板与热熔垫圈之间的焊接温度确定，过程中按确定温度严格现场控制。为避免因岩面不平顺而破坏防水板，岩面尖锐处和洞室棱角处铺设双层土工布和双层防水板。破洞修补外贴双层焊疤。铺设过程中重点检查搭接长度、交叉焊缝质量、防水板破损修补，对检查出需修补部位采用油漆标识，并登记记录，便于交接班人员现场复核，在衬砌模板台车定位前必须完成此段里程防水板修补的报验工作。

止水带搭接处采用止水带打毛后胶水粘接，并用钢筋卡紧。为确保波纹管安装质量，设置波纹管边基台。波纹管横向出水管口处在三通位置设置地锚钢筋，采用铁丝将波纹管捆紧。

10. 为控制好二衬质量，方便操作，项目部制定了《关于细化落实二衬工序三检制的通知》。各工区对二衬每道工序指定一名班长和若干名组长，每次作业必须由一名组长带队，组长对当次作业负责，班长对整个工序负责。组长负责当次作业的自检和互检，确保按技术交底进行施工，达到验收条件后报现场领工员检查，领工员检验合格后报工区质检工程师，然后一起进行工序交接检验，交接检验合格后方可结束本道工序，并开始下道工序。

对二衬每道工序，质检工程师的报检和现场施工质量情况，工区工程部长至少每周抽查一次，工区总工至少每两周抽查一次，并按规定的表格填写施工质量情况总结和进一步施工要求。

在二衬防排水、立模、浇筑混凝土、安装钢筋等工序实行工序内部检查证，交接检验时填写。质检工程师根据设计、规范和技术交底对该工序施工质量进行检查，并得出结论，如不合格需填写不合格情况描述和整改要求，整改合格后再次填写检查证，完成检查整改程序闭合。检查证一式两份，班组和质检工程师各一份。仰拱二衬作业面附近设置公示牌，质检不合格，需要整改的，须写出存在的问题和整改要求，并进行张贴。

分部和各工区经理、总工对本单位质量管理体系的建立和有效运转负责，如不能保证该体系有效运行，项目部依据《质量奖罚办法》中体系不健全的规定进行处罚。同时要求各分部或工区对管段内二衬施工建立相应考核制度，根据现场二衬施工质量情况及返工整改次数等作为参考，严格考核，奖优罚劣。

第四节　物资管理

(一) 物资计划

物资计划是物资管理工作的开始，尤其对本项目而言，计划管理工作的重要性显得更加突出。由于本项目工期要求高，采购周期长，加之冬期施工的要求，所以项目伊始，项目部领导就严格要求物资部要做好物资计划管理工作。为此，项目部物资系统经过模拟和讨论，最终颁布了项目部《物资计划管理办法》。要求现场提前2个月计划物资用量，分年、季度、月进行上报《分部物资采购计划》。对采购周期长的物资要求现场加大库存，提前计划；同时要求现场做好物资管理周报，对库存和消耗进行控制；针对施工进展，提前1月进行补充和调整计划，物资部根据《分部物资采购计划》

或《补充采购计划》，考虑已经订货或发货在途的数量，编制《项目部物资申请采购计划》，为采购和供应节约时间。海外项目物资管理工作，是项目其他管理工作的前提和基础，是项目顺利开展的后盾和保障。物资计划管理工作是物资管理的基础，必须要将计划视为物资管理工作的重点，只有将计划做到充分合理，后续的采购供应各个环节才能更加顺利有序。

（二）物资采购

物资采购工作的关键是成本和质量，物资采购工作的重点是采购合同的制定和执行。由于项目地处海外，物资采购由国内物资采购、当地物资采购和其他国物资采购组成。国内物资采购工作，需经过集团公司批准，委托集团公司物资供应中心组织邀请招标的形式进行。由项目物资部牵头，设计部、工程部、试验分部、各施工分部共同参与，拟定项目《招标文件》、招标计划及招标时间安排，由物资供应中心具体实施。国内物资邀请招标主要针对防排水材料、外加剂、聚丙烯纤维等当地不生产的物资。委托物资供应中心进行的邀请招标采购工作，极大地降低了采购的成本。物资供应中心同时协助与中标单位的沟通和联系，起到了一定的辅助项目部管理作用。

（三）火工品管理

火工品属于特殊商品，在国际贸易中有特殊要求和规定。火工品的采购和管理是本项目的一个亮点。由于火工品的采购渠道不同，项目部针对不同来源的火工品因地制宜地制定了不同的管理方式。当地采购的乳化炸药，由于产地那沃伊距离较远，必须寻找仓库临时存贮，根据现场实际情况，再做计划运输到工地仓库。在选择运输公司的谈判中，我方要求对方免费提供其距离工地较近的仓库为项目临时仓库，这为项目节约了成本，也提高了火工品运输的效率。另外是其他国家进口的火工品，主要有俄罗斯的硝铵炸药和中国的非电毫秒雷管，由于硝铵炸药和非电毫秒雷管的供货周期长，项目部在安格连找到了一家可以出租的火工品仓库（煤矿仓库）作为项目部火工品临时仓库。在本项目的主合同中，业主同意在火工品进口方面给予承包商协助。后经业主方面介绍，由经济部下属的UMI公司担任我项目火工品的进口任务。具体流程是首先制定火工品采购计划，通过UMI了解中国和俄罗斯的采购流程，由项目部与UMI签订采购合同，UMI与其他单位签订进口合同，来完成合同方面的签订工作。在与UMI签订采购合同后，应尽快确立火工品存储的临时仓库，签订仓库租赁及火工品存储协议。

根据采购和存储合同，在内政部办理《火工品进口许可》及《火工品用于和平目的的证明》，在火工品进口入境前，办理《火工品入境及运输许可》；再与专业的火工品安保公司（押运公司）签订火工品入境运输安保协议。火工品的存储和使用也要获得乌兹别克斯坦工矿地质监督局的《火工品存储和使用许可》。办理完以上许可，火工品采购前的工作基本完成，剩余工作由进口代理公司（UMI）及火工品出口代理商按照我方要求，具体协商货物交接细节和时间。火工品临时仓库（煤矿仓库）的管理，由租赁公司负责。租赁单位按照实际收发，做好出入库书面登记。在火工品出库入库时，都有一式三联的《运料单》作为随车/货文件，分别由发料单位、承运单位、收料单位确认签收，保证了火工品管理和运输有效。同时，项目部按照收入和支出做好台账登记，每月与租赁单位进行库存对账，实现火工品临时仓库的动态管理。

本项目分隧道进口（西口）和隧道出口（东口）两个分部进行施工，根据主合同约定，业主负责在工地设立火工品仓库，并提供安保服务。根据现场考察和论证之后，最终分别在西口分部和东口分部设立了1号火工品仓库和3号火工品仓库。由于火工品属于特殊商品，内政部将《火工品仓库的管理许可》颁发给当地一家火工品服务公司。我方与其签订仓库管理服务合同，负责现场仓库管理及火工品内场（从仓库到爆破地点）运输工作。项目部科学计划，按照生产任务及工作面开展情况，将仓库管理合同分阶段签订，节约仓库管理成本。每月现场仓库提供仓库收发记录，以便项目部掌握现场库存和使用情况。

在项目获得内政部颁发的《钻孔和爆破许可》之后，要进行爆破作业，还需要对爆破作业工作人员进行考核，对通过考核的人员由内政部颁发《爆破作业证书》，并指定爆破作业队长，负责该分部的爆破人员管理，火工品的领用和退库工作。另外，在火工品领用和退库时，必须按照内政部确认的《领料单/退库单》的格式填写，确保火工品使用过程的安全。超过使用期限需要销毁的火工品，须经过专业的爆破服务公司，向内政部、工矿地质监督局、警察局进行申请和备案，按照火工品销毁程序，由专业的服务公司负责销毁工作。

第五节　设备管理

（一）设备的选型配套

根据项目工期紧、安全要求高等特点，经综合比选，全隧采用机械化配套作业，主要配套方案如下：

主隧道和斜井采用无轨运输，凿岩台车钻孔装药，挖掘机、装载机配合自卸汽车运输，机械手喷射混凝土支护，主隧道二次衬砌采用自行式模板台车同步衬砌，斜井全部不施作二次衬砌，对洞口段、斜井与主隧道交叉口段及Ⅴ级软弱破碎围岩地段采取初期支护加强措施。

安全隧道通过进出口施工区段采用电瓶车牵引梭矿的有轨运输方式，履带式挖装机装碴；通过1号、2号、3号斜井施工区段采用无轨运输，履带式挖装机装碴，自卸汽车出碴。安全隧道均采用多功能台架辅助人工手持风钻钻孔开挖及喷射混凝土支护。

1. 开挖设备

主隧道主攻面采用全液压凿岩台车进行钻孔。其中进出口考虑使用二臂凿岩台车，主要基于隧道断面比较小，采用二臂台车施工比三臂台车有较大的灵活性。斜井断面面积比主隧道大，采用三臂台车进行井身及进入井底后主隧道的开挖作业。安全隧道断面小，采用二臂台车无法提高效率，因此采用人工手持风动凿岩机的方式进行钻孔作业。

2. 主隧道装运设备

结合设备的外形尺寸及隧道断面，参考集团范围内其他单线铁路隧道的装运工序设备配置方案，确定配置方案为5t装载机装碴、25t自卸车运碴。在实施过程中，可以采用必要的技术手段，增加自卸车的运碴能力，缩短装运工序循环时间。

3. 斜井洞身装运设备

由于断面宽度能够保证装载机和自卸车平行作业，因此采用5t侧斜装载机装碴，25t自卸车出碴。

4. 斜井进入主隧道装运设备

与主隧道装运工序一致，即采用5t装载机装碴、25t自卸车运碴的方案。

5. 安全隧道装运设备

由于安全隧道断面较小（宽5.2m，高6.1m），无法采用装载机为梭式矿车或者自卸车装碴，因此安全隧道有轨作业面采用挖装机（装碴能力300～500m³/h）装碴，电瓶车（自重20t，牵引重量163t）牵引梭式矿车（25m³）进行运碴；安全隧道无轨作业面采用挖装机装碴，25t自卸车运碴。

6. 支护衬砌设备

隧道立拱采用作业台架辅助人工安装拱架；安全隧道有轨作业面采用喷射机喷射混凝土，无轨作业面、斜井、主隧道采用混凝土湿喷机械手喷射混凝土。混凝土衬砌作业采用全自动集成混凝土搅拌站（90m³/h）生产混凝土，混凝土输送车（8m³）运输，混凝土输送泵（60m³/h）泵送入模板台车（长12m）。衬砌后，采用养护台架辅助人工进行养护。

　　经过近30个月的实践、测试和调整，本项目机械化配套施工作业，在施工进度、安全质量等方面均收效良好，达到了最高月开挖进度342.8m，月平均施工进度200m以上，为全项目施工任务的完成提供了有力保障。

（二）设备保障方案

　　为确保项目设备正常使用，降低设备故障停机，有计划开展设备配件供应、维修保养、人员储备和设备动态调整工作。在施工过程中成立了设备保障领导小组及设备保障小组。设备保障领导小组，主要负责设备整体方案的动态调整、协调、指导工作；设备保障小组主要负责设备保障工作的具体实施，落实设备配件、材料供应、设备维修保养监督工作，实施设备动态调整工作，落实设备清关、运输、报验、售后人员协调工作。

（三）设备管、养、用、修存在的问题

　　由于当地工程机械市场欠发达，对项目设备的管、养、用、修存在着诸多不便，主要在供应和技术方面困难较多。

1. 配件供应周期长

　　当地能买到的设备仅是少量设备配件，多数配件从国内批量采购，应急、小件、少量配件可以依赖往来人员随机携带，国外配件可以通过航空快递。配件的供应周期长，则会影响设备的正常使用。因此，采取适当增加配件库存的方式来保证设备的使用，同时加强分部间的配件调配、互通有无。

2. 技术支持欠缺

　　多数设备厂家在服务满一年后售后人员就不在现场提供服务，部分设备出现问题后仍依赖厂家才能解决技术问题，但等待厂家技术人员签证周期比较长。

3. 设备操作使用问题多

　　行走设备如车辆、装载机、挖掘机等设备操作人员多为当地司机，当地司机操作设备损耗大。凿岩台车、湿喷机械手、挖装机、出碴装载机、混凝土输送车、搅拌站等设备仍由中国人操作，机械人工费偏高，不利于成本控制。

4. 设备租赁较困难

　　当地设备租赁市场极不饱和，资源稀缺，租赁价格昂贵，使用当地资源应该在开展广泛的市场调查后才进行合理选择。前期使用的部分资源如装载机、挖掘机、自卸

车、空压机、发电机均只能租赁。项目部组织分部、工区多处调查，找到合适的资源后，在分部间、工区间共享和租赁。

（四）体会及建议

1. 充分发挥集中采购优势

本项目在集团公司的统筹安排下，由专用设备中心负责设备采购供应与保障工作。实践证明这是个很好的决策，主要优点如下：

一是降低采购成本。利用集团公司设备采购平台进行采购，能够争取到较优惠价格和优惠条件。二是确保设备质量及服务。集团公司统筹考虑设备配置，各厂家相对更为重视，在设备配置品牌及质量上更有保障。三是便于集中退税。以集团公司名义签订合同，方便各种资料的收集，更有利于退税工作的顺利进行。

2. 充分保证选配设备质量

海外项目由于配件及售后服务较国内项目长，租赁市场不发达，一旦关键设备出现问题则会造成掌子面停工，不但窝工还会增加后期赶工费用。设备如能选用国内大型知名厂家产品，一是设备质量较好，二是厂家在售后服务方面更为负责。

3. 综合考虑天气因素

项目开工前对乌兹别克斯坦气候调查不深入，未能考虑到乌兹别克斯坦冬天寒冷的严重程度，项目部发电机组所配置发动机均未配置使用高寒地区的发动机，加之前期使用的时候，项目部临建工作也未完成，发电机组均露天作业，导致经常出现发动机汽缸垫因气温低变脆后损坏的现象。后经搭设工棚，采取升温等一系列措施后解决。

4. 加强法律意识

海外项目最重要的一个特点就是外部环境发生了很大的变化，我们到了一个完全陌生的国度，这就需要我们认真做好往来书面化，凡关键资料均应留底，学会用法律武器维护自己的权益。

第六节　安全管理

（一）安全管理体系

1. 组织机构及人员设置

项目部设置一名安全工程师，分部（工区）设置安全总监和安全管理部门，项目部和分部（工区）总计11名专职安全管理人员。安全管理机构、人员基本能达到安全管理需要。

2. 安全管理制度

项目初期编制了《安全管理计划》，《安全管理计划》结合乌兹别克斯坦当地法律法规从总体安全目标、安全管理风险评估和对策、管理人员和作业人员对应的工作标准及职责、安全管理计划事项及活动频次、作业安全风险告知、安全操作规程和应对措施、施工场所安全须知（劳动纪律）、安全事件应急处置计划、安全防护标志标识设置标准、安全管理例外事项处置程序、安全培训计划、安全信息传递等多方面对项目安全管理进行全面而又系统地规划，是项目安全管理非常有效的一种体系建立形式，值得国内项目借鉴，可以在一定程度上弥补安全管理不够系统的缺陷。

随着项目进展，为适应项目安全管理需要，项目部补充、修订、完善了《安全检查及奖罚制度》《安全例会制度》《安全教育培训制度》《安全生产费用使用制度》《生产安全事故报告调查处理统计制度》《劳动防护用品管理制度》《安全生产责任制及其考核办法》等管理制度。

（二）安全保障措施

为确保项目安全管理目标的实现，项目部从危险源辨识及管控、安全检查、安全教育培训、群众安全监督员、应急救援等以下7个方面采取了有力的安全保障控制措施。

1. 危险源辨识及管控

危险源辨识及管控工作贯穿项目始终，本项目开始就非常重视危险源辨识及管控工作，建立了危险源管控台账，并根据LEC法对各项危险源进行评级，建立危险源台账并进行分级管控，并随季节变化和施工阶段的不同对危险源台账进行适时更新。工区在对危险源辨识、评级的基础上，制定明确的控制措施，并按工序对现场作业人员进行安全交底。

针对本项目的头号重要危险源——岩爆，项目开展了岩爆科研攻关。自2014年2月份2号斜井首次出现岩爆地质灾害，进、出口及1、2、3号斜井工区均不同程度出现岩爆现象。难以预知的岩爆不仅严重影响了项目的施工进度，加大了隧道施工的成本，而且给项目带来了巨大的安全风险。为尽快寻求突破，集团公司总工程师洪开荣带领多名隧道专家进行现场查勘并于2014年10月20日在项目现场召开乌兹别克斯坦铁路隧道岩爆问题专家会。根据专家会的要求，项目部联合福州大学、技术中心快速成立岩爆攻关小组，并于2014年12月份进驻现场开展工作，经过近半年的试验研究，取得了比较明显的阶段性成果，其中利用电磁辐射仪监测数据（强度、能量、脉冲）和掌子面地质观察（岩性、节理、完整性、风化程度等）综合预判前方岩爆和采用超前小导管控制岩爆技术在现场得到广泛应用。

2015年11月，中国中铁领导带领中铁二院岩爆专家再次到我项目现场检查调研，并召开隧道岩爆施工技术研讨会，对我方现场预判岩爆发生及所采取的相应措施予以肯定。

2. 安全检查

本项目安全检查采用定期+不定期、综合安全大检查+专项安全检查相结合的方式进行。每周由项目生产经理带队，对生活区、施工现场进行全面的隐患排查，每月项目经理带队，对内业、外业进行全面彻底检查，发现问题立即整改。每月安全工程师不定期地联合设备部到现场对机械设备及临时用电等进行专项安全检查。总计开展各类安全检查100余次，下发各类《安全检查表》《安全隐患整改通知书》及《安全检查情况通报》总计94份，按期整改率达98%以上。

3. 安全奖罚

为使得各项安全管理制度做到令行禁止，安全奖罚成为其中不可或缺的部分。在每个月的生产考核中，只要发生重伤安全事故就取消其该月的考核奖励，对责任事故追究其责任人的责任。针对现场因"三违"产生的重大安全隐患坚决予以处罚。

4. 安全教育培训

本项目采用多种形式宣传安全，加强员工思想教育培训。通过施工现场悬挂安全警示标语及安全警示牌、不定期在项目宣传栏公布安全奖罚情况、对每一名入场工人进行三级安全教育和安全技术交底、每周一次的安全日常教育、每月一次安全生产专题会议、每年不少于一次安全知识警示等活动，不断灌输安全思想，不断提高安全认识。项目开始至今，各分部（工区）总计已进行各种培训700余次，培训中乌双方员工总计6000余人次，员工教育培训率达100%。针对项目后期使用较多乌方员工，项目部联合咨询公司安全工程师到现场给乌方员工进行安全教育培训，取得较好的效果。

5. 开展安全生产各项活动，不断深化安全管理

每年6月"安全生产月"期间进行安全宣誓、安全知识竞赛、应急救援预案演练、安全咨询日和安全文化活动周等活动；积极开展"安全警示日和专题活动周"活动，在不同阶段分不同主题进行安全警示日和安全专题活动；积极开展全员安全知识竞赛活动，组织中乌员工进行集中比赛，巩固安全知识，提升安全意识。

6. 群众安全监督员

为调动广大一线员工的安全生产积极性，让其在生产第一线起到安全宣传监督和危险识别的良好作用，发现和杜绝安全隐患，项目各工区班组中均配有群众安全监督

员。为了使群众安全监督员的安全知识水平能够胜任其岗位，项目部编制了《群众安全监督员手册》，手册涵盖了群众安全监督员的职责、施工现场安全常识、隧道作业常见危险因素、现场急救知识、现场机械设备及临时用电安全操作规程、隧道内作业各工序安全注意事项等方面具体内容，并加入了安全漫画和安全警句使得群众安全监督员在学习手册时有更直观的印象及趣味性，同时引发其对安全的思考。

7. 应急救援

项目应急管理分三级进行，项目部编制综合应急预案，分部编制专项应急预案，工区编制应急处置措施，按照"统一领导，各司其职；分级管理，分级负责；严谨科学，规范有序；反应快速，运转高效；预防为主、平战结合"的原则进行应急救援处置工作。编制了突发事故应急救援综合预案以及火灾、坍塌、涌水、交通事故、触电等专项预案。储备了应急救援物资，安排了应急救援设备机械，在各相关部门张贴事故应急救援及上报流程图、应急就医流程图，确保应急响应畅通、反应及时。

每年初，根据项目进展情况，要求分部对各专项预案进行及时更新，补充完善新危险源的应急预案和应急处置措施，并分别于2014年5月、2015年6月联合乌兹别克斯坦救援队在东、西口分部举行4次针对塌方、岩爆、人员搜救、医疗急救的大型综合应急演练。演练结束后，对所有参演人员进行总结，指出在演练过程中存在的问题。此后的时间里，分部按照项目部要求，各自对自身存在的不足进行了大大小小数十次的专项演练，如灭火器使用演练、人员疏散演练、防岩爆落石演练、救护车使用演练等。

（三）安全管理成效

通过建立健全安全管理体系，落实各项安全保障措施，开展各项安全专项活动，经过项目全体参建员工的努力，本项目圆满完成了项目初期制定的安全管理目标。良好的安全管理使得项目在乌兹别克斯坦取得了良好的声誉，为集团公司在乌兹别克斯坦国今后的发展奠定了坚实的基础。

本项目坚守红线意识和底线思维，结合公司改革发展要求，全面加强项目安全质量精细化管理，以问题为导向、狠抓责任落实和规章制度落实、努力提升现场员工职业操守为主线，夯实项目安全质量基础，在现场安全文明施工、项目形象建设、"三工"建设等方面，均取得了一定成绩，提升了项目安全生产和工程质量水平，展示了"中国中铁"品牌的良好形象。为此，本项目获得2015年度"中国中铁安全标准工地""集团安全文明标准工地"称号，受到中国中铁和集团公司的表彰。

第七节　环境保护管理

（一）环境保护计划

根据乌兹别克斯坦当地的相关要求，项目开始初期，对工程建设所在地的气候、土壤、地表水、地下水、动物、植被、辐射环境等情况进行调查。结合调查结果和乌兹别克斯坦环境保护法律法规及集团公司相关文件要求，从环境保护目标设立到对环境可能产生影响破坏的因素分析和预防措施制定，再到应对各种环境突发事件预案的制定，编制完成项目《环境保护计划》，并得到乌兹别克斯坦环境保护部门的批准。

（二）水环境保护

流经本项目工程建设所在地的河流主要为"Kuindi"和"Sansalaksay"河流，施工用水和生活用水主要取自该河流。施工用水取得乌兹别克斯坦塔什干和纳曼干州当地环境保护部门许可。项目的生产、生活污水均经处理达标后排放。生产污水方面，每个工区均在隧道洞口设置三级污水沉淀池，同时设置过滤油污的过滤网；生活污水方面，生活区设置多级污水处理池及化粪池。生产区、生活区的污水处理池均定期进行清理。乌兹别克斯坦环保部每个季度组织业主及相关部门到现场进行水质抽检，UTY卫生防疫中心每个月到现场进行环境水质监测，对我方水环境保护工作表示满意。

（三）大气保护

1. 废气处理

本项目废气主要来自各种大型施工机械设备，如自卸车、混凝土罐车、装载机、挖掘机等，此类设备尾气排放均到达乌兹别克斯坦大气保护法的要求。

2. 粉尘处理

本项目针对碎石场加工碎石时产生的粉尘会对大气环境产生危害的情况，在碎石加工过程中加入水洗环节，既降低了碎石中的含泥量，又减少了粉尘污染。

（四）土壤保护

1. 针对现场产生废弃钢材、木材、废轮胎、速凝剂桶等，项目部积极与UTY联系，由UTY进行回收。

2. 针对机加工区的小型机具产生的油污、碎金属残渣等，首先是将机加工区地面硬化，然后在可能产生油污的地方设置集油器皿，每天做到工完料尽。收集的废弃油污集中进行处理。

3. 隧道开挖的弃碴按设计要求堆放在UTY审批的弃碴场。

（五）对危险化学品的控制

本项目的危险化学品主要为供隧道开挖爆破使用的火工品，火工品设置有专门的库房，由乌兹别克斯坦当地一家专业爆破公司管理。火工品的领运用、退都严格执行《爆破安全手册》。

（六）辐射监测

每个月UTY卫生防疫中心均到我施工现场对辐射情况进行监测并出具报告。我方针对隧道辐射情况编制了《辐射应急预案》，各工区也购买了辐射监测仪，每周定期对隧道内辐射情况进行监测，每月将辐射监测情况报告监理。隧道开挖期间，辐射值未超出规范要求值。

（七）节约能源

各种电气设备，如打印机、复印机、热水器、电暖气等，按照能源管理制度，做到了人走灯灭、人走机停，实现了节约用电、安全用电。办公用品实行按需按计划购买，纸张双面打印等。

（八）咨询公司

在本项目环境管理的过程中，咨询公司派遣了一名环境工程师全程参与。在《环境保护计划》编制、环境保护法律法规条款提供、施工用水许可办理等方面给予了较大帮助；同时也协同我方环境保护现场检查，对现场存在问题予以指导。

（九）取得的成效

经过项目全体人员的努力，本项目未发生环境污染事故及环境投诉事件。环境保护工作得到了业主和乌兹别克斯坦政府各部门的认可，达到了项目制定的环境保护目标。

第八节　社会治安管理

乌兹别克斯坦国内大街上巡逻警察较多，东、西口工地往返的A373公路上设有检查关卡，在时任总统卡里莫夫先生强有力的领导下，国内治安状况良好。同时，卡里莫夫先生支持周边国家反恐行动，对待恐怖袭击态度坚决，国内鲜有恐怖袭击事件发生。

即便如此，项目部仍然秉持"路行全球多风险、有备而行方无虞"的原则，积极制定《公共安全事件应急预案》《境外工作公共安全手册》等，指导员工从自身防范意识、防范技能等多方面确保自身安全，一旦发生公共事件，及时启动应急预案。所幸，自始至终，项目未发生一起公共安全事件，所有人员高高兴兴出国来，平平安安回家去。

第九节　试验检测

（一）组织机构

中铁隧道局集团乌兹别克斯坦安格连–帕普铁路隧道项目试验工作由试验分部承担，试验分部为中铁隧道局集团工程试验中心的派出机构，具有母体试验室资质授权。由于项目东口、西口分部距离较远，试验分部设中心试验室及东口分室两级管理，中心试验室本部设在西口分部驻地，东口分室设在东口分部出口工区驻地。此外各工区拌合站设专门试验人员，并配备必要的检测设备、设施。

试验分部共有试验人员9人，其中试验工程师2人，试验员5人，资料员1人，试验工1人。

（二）主要工作内容

1. 负责各种钢材、水泥、掺合料、粗细骨料、外加剂、锚杆等原材料的常规技术检验。

2. 负责各种混凝土及砂浆配合比设计等试验。

3. 负责各种混凝土及砂浆试件的抗渗、电通量、抗冻及试件抗压等试验。

4. 负责督促、指导现场试验人员现场检验及取样工作。

5. 负责试验检验报告的统一签发，并保证报告的合规性。

6. 负责向集团公司、项目部、监理、业主报告相关报表及其他试验资料。

7. 负责对混凝土搅拌站的建设及运转进行检查指导。

8. 负责联系委外检测机构，对需要委外检测的材料进行委外检测工作。

（三）工作总结

1. 原材料质量检验：认真把控原材料质量，按规范要求对进场原材料进行检验；对河砂、水泥、速凝剂等质量波动大的原材料，试验分部加大了抽检频率。

2. 设计混凝土、砂浆配合比：根据工程需要及原材料的变化，及时设计并提供混凝土及砂浆配合比，并定期对配合比进行验证。

3. 混凝土质量控制：按频率对混凝土进行取样，认真检测混凝土各龄期的抗压强度，并对混凝土强度的增长情况进行分析，根据分析结果及时调整混凝土配合比。此外，还对混凝土的抗渗性能及抗冻性能进行了检测。所检测混凝土的抗压强度、抗渗性能及抗冻性能均符合规范要求。

由于本项目所用水泥、河砂质量波动大，造成混凝土性能不稳定，影响了混凝土的施工质量。针对这些问题，试验分部一方面通过物资部门与供货方交涉要求确保材料质量的稳定性，另外根据材料的质量变化及时调整配合比，保证了混凝土质量及现场施工的正常进行。

4. 二衬混凝土实体强度检测：每月末对当月到期的二衬混凝土进行抗压强度回弹，将回弹结果整理成台账汇报给项目部相关领导。

5. 组织搅拌站校秤：定期组织并监督混凝土搅拌站计量用秤的校核工作，发现计量系统存在的偏差并及时校正，确保搅拌站计量系统的准确性。

6. 解决混凝土施工中出现的问题：针对混凝土生产及施工中出现的问题，第一时间到现场进行察看、分析原因并提出解决方案。

7. 冬期施工培训及检查：对现场试验人员进行混凝土冬期施工培训，定期检查搅拌站料仓及搅拌棚的保温情况，并抽检混凝土出机及入模温度，指导混凝土冬期施工。

8. 检查指导混凝土搅拌站：每周检查混凝土搅拌站，及时发现并纠正混凝土拌制过程中存在的问题。

9. 配合无损检测组对隧道二衬进行雷达检测，联系数据分析人员及时提供分析结果，并对分析结果中存在的问题进行沟通。

（四）与国内试验检测的不同之处

1. 部分原材料为进口，如减水剂、速凝剂等材料是在中国生产并发运过来，由于运输周期较长，一旦出现质量波动无法做到及时退换货，这就要求试验人员必须加大材料检测频次，密切关注现场使用情况，针对材料质量波动及时采取措施，降低对混凝土施工及质量产生的影响，确保工程质量不出问题。

2. 当地生产的水泥质量波动较大，特别是细度、标准稠度用水量、凝结时间等指标波动范围非常大，造成了混凝土用水量不稳定、易泌水、脱模时间长等负面影响。

3. 冬季气温低，最低气温可达-42℃，对原材料的升温、保温及混凝土生产运输环节的保温性要求较高。

4. 当地水泥强度等级偏低，由于当地高强度等级水泥供应量不足，项目采用的水泥强度等级为当地400号，强度接近中国标准的32.5级，用这个强度等级的水泥来配制较高强度等级的混凝土（如C40）具有一定的难度。

（五）体会和建议

由于海外项目与国内项目的不同，应注意以下方面的问题：

1. 做好材料储备，特别是进口材料，避免因不合格材料退场影响正常施工。

2. 根据当地气温，在项目初期做好冬期或夏期施工准备。如若当地冬季气温很低，骨料仓密封及保温措施须在建造时就应考虑。

3. 如果项目自产碎石及机制砂，则应确保骨料生产设备的质量，避免因设备质量差、故障多，导致骨料产量不能满足施工需求。

4. 严控混凝土施工质量，避免出现混凝土质量事故影响运营安全及损害企业形象。

第十节 党建宣传

项目党工委积极践行海外项目党建模式，围绕"抓班子、带队伍、推发展、促和谐"的目标，强化领导核心、围绕生产中心、紧抓工作重心、凝聚智慧人心，发挥党组织的战斗堡垒和党员的先锋模范作用，推动项目成为中企在中亚的一张亮丽名片和一面鲜红旗帜。

（一）强化领导核心，为开拓市场提供坚强保障

项目部党工委按照集团公司党委的要求，以提高海外项目管理能力为重点，不断加强项目班子建设，努力把项目班子建设成为"政治素质好、经营业绩好、团结协作好、作风形象好"的坚强领导集体，为项目的安全顺利进展和企业的海外品牌开拓，提供坚强有力的政治保证、思想保证和组织保证。

1. 意识到位，突出重点，创建政治素质好领导班子

面对进入新市场的巨大压力和工期紧张的重大挑战，项目部党工委从创建学习型领导班子、打造优秀管理团队入手，加强领导班子和核心团队建设。围绕如何快速站稳市场、有效化解风险，深入思考和探索，提升领导班子的海外思维能力和决策水平。党工委坚持引导班子成员保持政治上的先进性，认真组织学习习近平总书记系列讲话、党中央全会和集团公司第四次党代会精神，在政治上、思想上、行动上始终与党中央保持一致，认真贯彻落实集团公司的决策、部署和制度。坚持中心组学习制度，开展了建设"学习型项目部"活动。邀请资深国际项目管理师和企业优秀国际项目经理进行管理知识培训。历时5个月组织开展盘道岭等先进项目管理经验学习提升活动，项目班子和团队核心成员16人次轮流主讲和分享经验。创新议事规则和会议管理，以专题会、月例会、周群会等途径，通过主题发言、问题导向、理念引导、故事分享等方式，集思广益、传递思想、凝聚共识、培养团队。项目坚持超前谋划寻找识别问题，过程检查分析解决问题；工区每日交班会发现和防止问题，项目部每周（QQ群）例会检查和处理问题，每月生产例会讨论改进特别问题。过程中，随时召开专题会解决专项较大问题。坚决反对无视问题、回避问题和空谈问题。

2. 强化管理，聚焦目标，创建经营业绩好领导班子

进场以后，项目班子首先按照I-PDCA模式建立和实施有效的项目管理体系，主要包括"四个一切有利于""四化"和"四个全面"。"四个一切有利于"是指：一切有利于安全质量更好，一切有利于时间进度更快，一切有利于成本费用更省，一切有利于工作效率更高；"四化"是指：管理正规化，作业规范化，往来书面化，形象标准化；"四个全面"是指：全面超前计划，全面过程控制，全面程序办事，全面有效沟通。项目班子把进度和计划管理作为主线，把时间和问题管理作为核心，从根本上保证了项目的顺利进展和稳产高产。项目班子坚持针对问题进行全面超前的预测、预判

和预控，以引领项目始终行驶在奔向目标的快速轨道上。通过把问题当资源和风险进行管控，实施全面超前的年、季、月、周计划和日、周、月、季、年例会闭合控制的管理体系，以及对任何安全和质量事故都严格执行"四不放过"。项目实施以来，既未发生影响工期的停工待料问题，也未发生任何恶性的安全和质量问题，验工计价较为顺利。2016年2月25日，历时整900天完成了主隧道、安全洞、斜井及联络通道总长47.3km的开挖施工，全隧贯通比计划提前近100天，乌兹别克斯坦政府十分满意。2016年6月22日，国家主席习近平访乌期间，与乌兹别克斯坦总统卡里莫夫在塔什干主会场一起按下隧道正式通车按钮，共同见证了这一历史时刻。

3. 凝智聚力，分工合作，创建团结协作好领导班子

项目班子成员都能以大局为重，坚持集体领导，分工负责，对所分管的工作严实精勤，互相支持，齐心协力，发挥班子的整体合力。生产经营的重大决策、重大事项安排、重要人事任免事项及大额资金运作坚持集体讨论决定。落实民主集中制和重大事项党政会签制度，保证党和国家方针政策在项目的正确贯彻执行。在项目实施中，按照项目的概念来分解项目管理工作，把项目部副经理变为系统项目经理，划分为生产经理、技术经理、商务经理和后勤经理，各自在统一的项目管理体系下对本系统进行全面负责，从而使大家共同聚焦项目目标，形成最大合力。连续三年都举行召开了领导干部专题民主生活会，会前广泛征集各个层面对领导班子及成员的意见和建议。生活会上，党工委书记作为第一责任人带头讲原则、摆问题，班子成员按照"团结–批评–团结"的原则，认真查找问题，开展批评与自我批评，深刻分析思想根源，提出整改措施，坦诚交流思想，深入剖析问题，明确努力方向，项目班子达到了交流思想、增进团结、促进工作的目的。

4. 永葆先进，温暖人心，创建作风形象好领导班子

项目部党工委严格落实党风廉政建设责任制，结合中纪委网站和企业内部通报的违纪违规案件大力开展警示教育，提高党员班子成员的政治素养，强化领导干部和关键岗位人员的自律意识。积极开展海外项目党风廉政建设的风险防控，规范改进项目管理制度。组织开展了党的群众路线教育实践活动，围绕落实中央八项规定精神和反"四风"主题，在改进领导作风、加强班子沟通、强化执行能力、改善员工生活方面制定了整改措施。开展了"三严三实"和"两学一做"专题教育活动，引导班子成员以及全体党员干部认真落实严实精细工作理念，树立对职业敬畏、对工作执着、对产品负责的态度。

（二）围绕生产中心，为快速施工提供强大动力

项目部党工委坚持把施工生产的主战场作为项目党建工作的主阵地，按照适度保密的原则，积极组织开展了"党员先锋岗""党员突击队""党员身边三无""三争三保"等党建特色主题活动，为项目攻坚克难、快速施工注入了强大动力。

坚持以思想宣传和先进文化凝聚员工，培育全员的海外意识和海外精神，通过党课培训、现场发动，凝聚"项目成功、我要负责"共识，及时开展形势任务教育和海外人身安全防护教育。

隧道地处库拉米群山深处，条件艰苦，交通不便，冬夏温差高达70℃。开工以来，进口4次遭遇雪崩堵路中断生活生产物资、洪水冲断道路冲毁料场。每次灾害发生，进口支部副书记、经理组织成立自救先锋队，带着员工肩挑背扛，运送生活物品和生产物资，保证生活生产正常进展。在2号斜井攻克F7断层时，涌水如同瀑布，反坡排水困难，掌子面的施工机械和人员泡在水中作业，2号斜井支部委员、副经理带头成立了党员突击队，带领施工人员在齐腰深水里肩扛手抬把重达460kg的钢拱架安装到位，最终4个月成功穿越近600m断层破碎带。

隧道穿越中亚最大岩爆区域，剧烈岩爆对施工安全和人员心理造成极大威胁。项目部组织了以党员为核心力量的科技攻关先锋小组，采用了"一测二判三防护"的应对岩爆"三步法"，完善了岩爆预测预报、岩爆防治和岩爆段快速施工技术，取得了15km的岩爆区间没有发生一起人员伤害的良好成绩，为提高岩爆隧道建设水平作出了积极贡献。

（三）紧抓党建重点，为项目运行提供有力支撑

项目克服在海外的不利因素，按照工程组织实施进展和"三同时"的原则，及时组建了项目党工委和所属6个党支部，配齐配强了专兼职书记和委员，各工区聘任了政治指导员以强化作业层队伍管理。落实党建工作"六个标准化"，变通性地开展"三会一课"，提高海外项目党建工作的适应性和科学化水平。

项目党工委严格落实党风廉政建设责任制，结合中纪委网站和企业内部通报的违纪违规案件大力开展警示教育，提高党员领导干部的政治素养，强化关键岗位人员的自律意识。开展海外项目党风廉政建设的风险防控，规范改进项目管理制度。

2014年组织开展了党的群众路线教育实践活动，围绕落实中央八项规定精神和反"四风"主题，完成了各阶段任务并召开了领导干部专题民主生活会，对项目运行

以来存在的系列问题进行查找和梳理，在改进领导作风、加强班子沟通、强化执行能力、改善员工生活方面制定了整改措施。这对海外项目管理过程中的问题起到及时的纠偏矫正和改进提升良好作用。

2015年结合"三严三实"专题教育活动，引导全体党员干部认真落实严实精细工作理念，树立对职业敬畏、对工作执着、对产品负责的态度。在火工品和混凝土质量管理上，推行"120%"的保障措施；在物资采购供应上，严格把好各环节的质量检验关，确保施工安全和工程质量。坚持往来书面化和属地化管理原则，确保每项工作的合规合法和质量过硬。

（四）强化文化宣传，为持续发展提供良好氛围

展现专业企业形象。严格执行企业CIS形象体系，坚持高规格严标准开展三工建设，实现工地宣传和建设的标准化规范化，在异国展示了中国中铁形象和国际项目风采。为了展示专业局的实力形象，隧道建设采用机械化配套，项目保有大型设备近300台套。加强工地文化和"三工"建设，创建海外工地之家，组建兴趣爱好小组，每年5月组织"中隧杯"篮球赛，适时开展迎"五一"庆"七一"、中秋国庆联欢、欢度海外新年等文体活动。各工区建立了篮球场、乒乓球室、阅览室等文体娱乐设施。

项目积极吸纳当地员工参加项目建设，雇佣乌兹别克斯坦人员达1000余人，几乎覆盖了工地所有的岗位。运用国内"五同"管理经验，在工作上，将乌方雇员全部编入项目管理和作业队伍，与中方员工混合编组、共同管理；在生活上，对乌兹别克斯坦雇员实行集中居住，每个工区均设立了乌兹别克斯坦雇员食堂，为其提供所需的食材。自开工以来没有发生一起纠纷，达到了互利共赢、风险可控。与业主监理、当地民众等相关方建立良好沟通和深厚友谊。每逢乌兹别克斯坦节日和工程重要节点，业主都送牛、送羊、送手抓饭、送文艺表演到工地；每逢中国传统佳节，项目邀请业主监理等相关方联欢。2015年9月，项目部出资20万元捐建了工地邻近的三所学校，受到当地政府、媒体和社会各界一致好评。

项目大力传播企业形象，成立了宣传报道工作小组，创刊《中隧人在海外》并定期发布，创建并及时更新项目微信公众平台，制作了中俄文宣传册和宣传片。与中乌媒体建立了紧密联系，广泛宣传项目建设成果。全隧贯通时，央视新闻联播头条、《人民日报》专版及中乌各大媒体进行了报道，"中国技术打通中亚第一

长隧""一带一路收获早期成果"享誉全国、名满中亚。2016年6月22日，隧道正式通车，引起了中乌社会强烈反响，竞相聚焦设计施工总承包商中铁隧道局集团采用"中国技术"，按照"中国标准"，创造了"中国速度"，极好地展示了中国企业的品牌形象和中国力量。

（五）办好通车典礼活动，为展示品牌提供有利时机

领导重视，超前策划，精心部署，强力推进。为抓住在上合组织峰会期间举行卡姆奇克隧道项目成果展示活动的历史机遇，项目部早在隧道贯通之时就提前进行策划并上报上级单位，全力以赴，全面跟进，扎实行动，确保成功。在项目施工推进方面，精心组织，抓紧抓好贯通后的二衬、沟槽、机电安装等各项后续工程，确保了各项节点目标的提前完成。在组织协调方面，为确保各项工作有序扎实推进，集团公司发文成立了领导小组，成立了方案组织组、协调外联组、视频连线方案组、塔什干现场组、隧道现场组、视频片制作组、宣传报道组、后勤服务组共8个专门工作组，全体成员顾全大局，不讲条件和困难，紧张有序推进各项工作。在接待服务方面，鉴于此次峰会期间接待人员多，任务量大，项目部调动了所有现有资源，全员参与，专门成立了接待领导小组，由项目经理任组长，项目书记、集团公司欧亚指挥部指挥长及隧道股份、一处、海外公司部分领导为成员。接待期间所有参与人员均24h待命，确保接待及时有效到位。

上下同心，团结协作，充分沟通，步调一致，全方位支持配合媒体开展工作。各级宣传主管领导，与项目部就现场布置、配合媒体细节、媒体采访提纲、对外新闻素材等进行详细讨论。鉴于媒体单位多，工作头绪繁杂，宣传组及时对工作进一步细化和分工。为了实现预期宣传效果，宣传组全程紧密配合中央电视台国内报道组，就每天的拍摄内容和关键细节进行详细沟通。为了拍好《走进上合：中国隧道》《走进上合：东干村的故事》，隧道股份、一处两个工区提前筹划，与被采访对象进行了充分沟通，为采访顺利进行打下了基础。为了满足《人民日报》、中央人民广播电台、中国国际广播电台等媒体的采访要求，及时与多位被采访对象沟通，协调采访时间，使得采访和播出能够顺利进行。为确保2016年6月23日各大媒体的及时集中轰动性报道，宣传组及时提供最新新闻素材，满足记者第一手信息的需求。2016年6月22日通车北京时间已是晚上8点多，必须连夜补充现场新闻素材，完善新闻素材。这些努力为2016年6月23日当天掀起声势浩大的集中轰动报道提供了有力保障。

中国中央电视台综合、新闻、中文国际、财经、英语、俄语等多个频道，《新闻联播》《焦点访谈》《新闻30分》《新闻直播间》《朝闻天下》《共同关注》《中国新闻》《华人世界》《经济信息联播》等数个栏目，以《习近平同乌兹别克斯坦总统共同出席"安格连－帕普"铁路隧道通车视频连线活动》为题密集滚动报道。《东方时空》栏目围绕"习近平主席出席上合组织峰会特别报道"专题，分别以《走进上合：中国隧道》《走进上合：东干村的故事》为题两次进行延伸报道。《人民日报》分别以《注入发展新动力 续写友谊新篇章》《中国企业承建的"中亚第一长隧"实现全隧轨通》《把我们的家乡建设得更加美丽》《"一带一路"丰富中乌合作内涵》《习近平同乌兹别克斯坦总统卡里莫夫共同出席"安格连－帕普"铁路隧道通车视频连线活动》为题，前后进行6次不同侧重全方位报道。其中2016年6月28日、29日二版头条分别重点刊发了新华社和人民日报记者采写的深度报道，全面总结了习近平主席访乌兹别克斯坦以及中乌务实合作取得的丰硕成果，安－帕铁路卡姆奇克隧道被作为范例报道。新华社分别以《乌兹别克斯坦："中国技术""中国速度"》《中铁隧道见证"一带一路"务实合作成果》《卡姆奇克隧道：中国技术打通中亚第一长隧》《游走"石头城"见证新丝路》等为题5次进行全方位报道。中央人民广播电台、中国国际广播电台报道了国家主席习近平和乌兹别克斯坦总统卡里莫夫在塔什干共同出席"安格连－帕普"铁路隧道通车视频连线活动；并围绕"随习近平主席出访"专题，以《专访中铁隧道局集团：探寻3年开山之路》《对话中铁隧道局集团负责人》《中国速度让乌兹别克斯坦人惊呆了！》为题进行深度报道。中国新闻社、《光明日报》《经济日报》《中国青年报》等国内主流媒体，新华网、人民网等国内各大网站，外交部、国防部、国务院新闻办公室等网站纷纷转载，《大公报》《文汇报》等香港媒体同步进行了报道。乌兹别克斯坦国家电视台对此进行了广泛报道，《人民言论报》和"扎洪"通讯社网站发表题为《谱写中乌友好新华章》的习近平主席署名文章，其中写道：安格连－帕普铁路隧道，成为连接中国和中亚交通走廊的新枢纽。《人民日报》、中央电视台、中央人民广播电台、中国国际广播电台、乌兹别克斯坦国家电视台等中乌主流媒体现场采访了中铁隧道局集团董事长、党委书记于保林，现场采访了项目负责人以及中乌双方参建员工。

中铁隧道局集团乌兹项目部在隧道建设中，充分展示了中国企业的速度和形象。时任中国驻乌兹别克斯坦大使孙立杰表示，隧道项目是中乌产能合作的典范，是中企在乌的一张名片、一个标杆、一面旗帜。乌兹别克斯坦总理四次到工地视察，称赞有专业、能担当，期待中乌双方长期深入合作。乌兹别克斯坦时任总统卡里莫夫在全国新年献词和内阁经济会议上多次点赞项目；通车仪式上，他表示，"安格连 – 帕普"铁路隧道通车是乌兹别克斯坦国民经济社会发展中的一件大事。这一项目极大造福了乌兹别克斯坦人民。感谢中国为乌兹别克斯坦人民实现夙愿给予的支持和帮助。

第七章　关键施工技术

Chapter 7　Key Construction Technology

第一节　岩爆预测及控制

（一）岩爆特点

　　隧址区地质复杂，最大埋深1275m。工程地质勘察表明：隧道总长近10km的区段存在高地应力或极高地应力，施工中发生岩爆的可能性极高。自2014年2月初开始，施工中频繁出现不同程度的岩爆。现场统计表明：主隧道、安全隧道、斜井岩爆区段长度分别占总开挖长度的67%、85%和55%。难以预知的岩爆不仅严重影响了施工进度，加大了施工成本（增加支护成本约12%），而且带来了巨大的安全风险。岩爆安全快速施工技术的突破是隧道能否在合同工期内安全建成、顺利贯通的决定条件。

　　卡姆奇克隧道的岩爆主要发生在拱顶，如图7-1～图7-3所示，基本在爆破掘进后立即发生。岩爆发生段围岩主要为花岗闪长岩和正长斑岩。根据岩爆规模，将其分为轻微、中等、强烈3个等级。各级岩爆的主要特点如下。

1. 轻微岩爆

　　通常情况下出现在掌子面后方0～5m，少量地段在掌子面后方0～9m；单次岩爆持续时间在2min以内，过程持续时间大多2～4h，少量地段最长持续1～2d；爆坑深度几厘米至二十几厘米；爆落岩块尺寸5～10cm的居多，厚度小于10cm，如图7-1所示。

图7-1　轻微岩爆

2. 中等岩爆

　　通常情况下出现在掌子面后方0～8m，个别地段在掌子面后方0～30m；单次岩爆持续时间5～10min，过程持续时间10～12h，个别地段最长持续4d；爆坑深度50～60cm，长宽可达2～3m；爆落岩块厚度15cm左右，大块岩块单边长度小于1m，如图7-2所示。

3. 强烈岩爆

　　通常情况下出现在掌子面后方0～10m；单次岩爆持续10～30min，过程持续12h左右；爆坑深度达1m左右，长宽达2～3m；爆落岩块厚30cm左右，大块岩块单边长度大于1m，如图7-3所示。

图7-2　中等岩爆　　　　　　　　　　　　图7-3　强烈岩爆

（二）岩爆预测技术

本项目采用下列技术路线解决岩爆预测难题：

（1）首先对卡姆奇克隧道施工前期岩爆发生段的岩性、围岩等级、构造结构面产状等进行统计分析和理论深化，得出岩爆发生的岩体结构条件。

（2）通过岩爆岩样加载－破坏过程中电磁辐射能量、脉冲的同步测试，得出岩爆岩样加载－破坏与电磁辐射参数的联系。在此基础上，提出岩爆的电磁辐射监测技术。

（3）将岩爆电磁辐射监测技术与岩爆发生段的岩体结构特点相结合，提出岩体结构分析与电磁辐射监测相结合的岩爆综合预测方法。

1. 岩爆发生的岩体结构条件

前人的研究结果表明：围岩的岩性、结构面的发育程度等岩体结构特点与岩爆有密切联系。为掌握岩爆发生的岩体结构条件，项目部及科研单位对前期发生的岩爆资料（主要包括岩爆的现场记录、影像资料，岩爆段地质超前预报人员做的地质素描图等）进行认真分析，对资料较完整的132处岩爆的岩性，围岩级别，构造节理的倾角、走向及其与隧道纵向的夹角等进行统计分析，得出岩爆发生的岩体结构条件，见表7-1。

岩爆发生的岩体结构条件　　　　　　　　　　表7-1

基本条件	II、III级围岩，围岩为花岗闪长岩或花岗斑岩；地下水不发育，节理密闭
轻微岩爆	（1）围岩发育1组构造节理时，节理走向与隧道纵向或横向的夹角小于40°，倾角大于70°； （2）围岩发育2组构造节理时，一组节理接近水平， 另一组节理走向与隧道纵向或横向的夹角小于40°，倾角大于70°
中等岩爆	围岩发育2组构造节理，一组节理接近水平， 另一组节理走向与隧道纵向或横向的夹角小于30°，倾角大于70°
强烈岩爆	围岩发育2组构造节理，一组节理接近水平， 另一组节理走向与隧道纵向或横向的夹角小于30°，倾角大于80°

2. 岩爆的电磁辐射监测技术

1）岩爆的电磁辐射监测的依据

电磁辐射是岩体非均匀变形引起的电荷迁移、裂纹扩展过程中分离的带电粒子变速运动而形成的。聚集大量应变能的可能发生岩爆的岩体，其破坏过程是一个能量耗散过程，也是一个微细裂纹逐渐开展、增多、扩大的过程。在此过程中除会发声、发热，以声、热等形式耗散能量外，微细裂纹的尖端还会产生电磁辐射，以电磁辐射形式耗散能量。岩体越接近破坏，微细裂纹越多，声、电反应越强。因此，可通过监测固定时长内岩体的电磁辐射来判断岩体是否会发生破坏或岩爆。

为了探究岩爆岩样的破坏与电磁辐射参数的相关性，在现场选取9块岩样带回国内进行试验，在岩样单轴压缩试验过程中，同步测出岩样的电磁辐射强度、脉冲和能量。试验结果均表明：发生岩爆的岩样，其破坏过程与电磁辐射脉冲和能量变化有较好的对应关系。其具体表现为：岩样破坏前后电磁辐射脉冲和能量明显增高；岩样破坏越剧烈，电磁辐射较高脉冲和能量的持续时间越长。现选取1个岩样的试验结果说明如下。

图7-4为花岗斑岩1号岩样的试验结果。由图7-4（a）可看出：岩样在加载至155s左右发生了轻微的局部破坏（竖向应力出现短时小幅下降），加载至210s后先出现连续的局部破坏（竖向应力相继出现数次短时小幅下降），245s后发生整体破坏。对比图7-4（b）、图7-4（c）可看出：在150s附近和200s以后，电磁辐射脉冲和能量出现了较高的反应，且200s以后电磁辐射较高脉冲和能量的持续时间均比150s附近的长。

由于岩爆岩样的电磁辐射能量和脉冲与岩爆岩样的破坏有很好的相关性，因此，可将电磁辐射作为卡姆奇克隧道岩爆监测和预测预报的辅助手段，将电磁辐射脉冲、能量作为岩爆判释的主要参数。

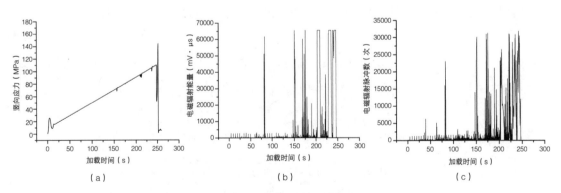

图7-4　岩样单轴压缩试验过程电磁辐射参数的变化
（a）竖向应力；（b）电磁辐射脉冲；（c）电磁辐射能量

2）岩爆的电磁辐射监测

（1）监测仪器

现场监测采用在煤矿中广泛采用的YDD16型便携式煤岩动力灾害声电监测系统进行。

（2）测点布置

测点布置在经现场调查或理论分析得出的、可能发生岩爆的部位。卡姆奇克隧道绝大部分岩爆发生于爆破开挖后的拱顶-拱腰。因此，分别于拱顶、左拱腰、右拱腰各布设一个测点，测点水平间距约2m，如图7-5所示。监测时，将天线固定在准备好的探杆或支架上，开口缝朝着拱顶，端头正对掌子面、距掌子面不超过0.5m。现场监测如图7-6所示。

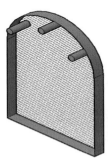

图7-5　电磁辐射测点布置示意图　　　　　　　图7-6　电磁辐射现场监测照片

（3）有效监测范围

YDD16型便携电磁辐射仪的监测深度为测点前方7~22m，每个测点的监测范围为以该测点为中心的中心角为60°的锥形区域。岩爆是由于隧道开挖卸荷引起的，因此，开挖引起的卸荷松弛区就是可能发生岩爆的区域。前人的研究表明，在弹性状态下，掌子面前方因开挖卸荷而产生的松弛区深度为洞径的1.0~1.2倍。本隧道的等效洞径为7.8m，按此计算，掌子面前方松弛区的深度为7.8~9.4m。考虑到卡姆奇克隧道实际施工中，可能发生岩爆的Ⅱ、Ⅲ级围岩段，每循环的开挖深度为3.5m，所以，取有效监测范围7.0m，即每两个开挖循环监测一次。

（4）监测时段及时长

任何事件的预报均具有距该事件发生时间越近，预报越准确的特点。基于此，同时为减少现场监测对施工的干扰，现场监测最好在装药期间进行；也可根据需求在打钻前或其他时段进行。

监测时段不同，围岩应力调整、释放程度不同，岩爆判释的参数基准值也不相同。监测时长不同，接收的电磁辐射也不同；因此，监测时段、时长最好统一。通过现场监测实践摸索，卡姆奇克隧道都在现场装药期间进行，单次监测时长为120s。

3）岩爆电磁辐射判释指标及基准值

电磁辐射脉冲数主要反映岩体变形及微破裂的频次，能量主要反映岩体变形及微破裂过程中的能量转换。室内试验也表明：电磁辐射能量和脉冲与岩爆岩样的破坏有很好的相关性，因此，将电磁辐射脉冲、能量作为岩爆判释的主要参数。

通过施工前期岩爆发生段电磁辐射监测值与岩爆实际发生情况的对比分析，得出了卡姆奇克隧道基于电磁辐射监测的各级岩爆监测预警值，见表7-2。

主隧道各级岩爆电磁辐射监测预警值   表7-2

指标	轻微岩爆	中等岩爆	强烈岩爆
能量平均值（J）	2000~5000	5000~20000	> 20000
脉冲（次）	3000~5000	5000~10000	> 10000
强度最大平均值	超过70mV发生岩爆的可能性很大	—	—

3. 岩体结构分析与电磁辐射监测相结合的岩爆综合预测技术

以岩爆发生的岩体结构条件为基础，结合岩爆的电磁辐射监测技术，形成岩体结构分析与电磁辐射监测相结合的岩爆综合预测技术，具体实施过程如下：

1）施工过程中，以岩爆发生的岩体结构条件为依据，通过掌子面及其附近岩性、围岩级别、构造结构面产状等的观察，初步判断掌子面前方是否可能发生岩爆、可能发生何种类型的岩爆。

2）在步骤1）初步判断的可能发生岩爆的掌子面上，对岩爆可能出现部位进行电磁辐射监测。通过电磁辐射能量、脉冲、强度监测值与预警值的对比，进一步分析是否会发生岩爆。

卡姆奇克隧道的岩爆预测流程如图7-7所示。与现有的岩爆预测技术相比，岩体结构分析与电磁辐射监测相结合的岩爆综合预测技术具有下列优势：

（1）与声发射、微震监测相比，电磁辐射监测不受施工振动、噪声的影响；无需埋设测试元器件，测试成本低；采用便携式监测仪器在现场打眼结束后与炮眼装药同步进行，无需占用施工作业时间；在炮眼装药时进行测试，掌子面附近除照明用电外、无其他电力机具，测试干扰少。

（2）声发射、微震、电磁辐射监测均存在多解性。岩体结构分析与电磁辐射监测相结合的方法，综合考虑了岩爆发生的岩性、岩体结构等主要因素和岩爆孕育过程中岩体微破裂和能量释放，提高了预报准确性，实践证明是施工期间岩爆预测的可行方法。

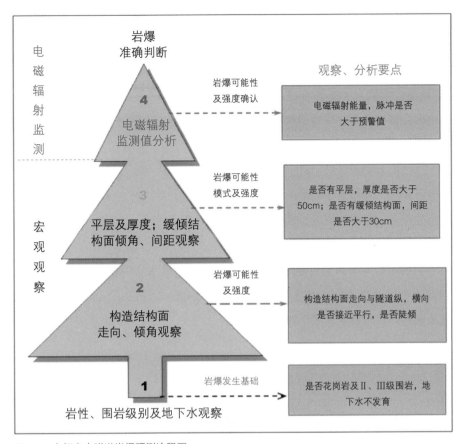

图7-7 卡姆奇克隧道岩爆预测流程图

4. 主动防控岩爆的超前支护技术

1）洞室开挖后的受力特点

工程地质勘察表明：隧址区地应力最大主应力为水平方向，且与隧道轴线接近垂直。设与隧道轴线垂直的水平向地应力为P_1（地应力最大主应力）、竖向地应力为P_3，$P_1 > P_3$。隧道开挖后的力学模型如图7-8所示。

按照岩石力学的相关理论，图7-8所示受力条件下，围岩处于弹性状态时，圆形隧道开挖后，洞壁的切向应力σ_θ，拱顶（图中A点）最大，边墙（图中B点）最小，分别为：

拱顶：σ_θ拱顶$=3P_1-P_3$；

边墙：σ_θ边墙$=3P_3-P_1$。

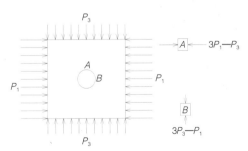

图7-8 隧道应力分析图

由于隧道开挖后拱顶的切向应力最大，所以，岩爆主要发生在拱顶附近。卡姆奇克隧道的绝大部分岩爆都发生在拱顶，如图7-1～图7-3所示，这与理论分析结果是一致的。

2）拱顶岩爆的力学模型

通过多处岩爆发生过程的细致观察和深入分析，得出本隧道岩爆的发生大致经历如下3个过程：

（1）拱顶围岩劈裂成板

爆破开挖后，岩爆出现部位连续发生破竹般的噼啪声，经仔细观察，此为拱顶围岩劈裂发出的声音。岩爆结束后，拱顶可见岩石劈裂后的薄板，如图7-9所示。

（2）岩板脆性断裂成块

拱顶切向应力对劈裂后的岩板继续作用，岩板产生水平向压缩变形的同时，还产生竖向弯曲变形。由于拱顶临空面无竖向支承，因此，岩板向临空面折断，形成棱块状、棱块透镜状、透镜状岩块，如图7-10所示。

图7-9　拱顶岩石劈裂后的薄板

图7-10　岩爆爆落物中折断的岩板

（3）块片弹射

围岩在"劈裂－脆性折断"的同时产生声响和振动，消耗了部分弹性应变能，一旦岩板折断，岩块获得剩余弹性能，弹性能转变为动能，发生弹射。

在隧道开挖后受力特点分析的基础上，结合岩爆发生过程的细致分析，得出岩爆发生的力学机制为：隧道开挖后，拱顶切向应力最大，在其作用下，拱顶临空岩体先劈裂成板，然后发生脆性折断和弹射。岩爆发生的力学模型可简化为被劈裂裂纹分离出来的厚度为t，无支承长度为L的层状薄板在水平压力P的作用下发生脆性断裂失稳，如图7-11所示，而后弹射。

图7-11 拱顶临空岩板脆性断裂失稳力学模型

按照图7-11的力学模型，采用弹性力学理论，推导出层状岩体脆性断裂失稳的临界应力σ_{cr}为：

$$\sigma_{cr} = \frac{\pi^2 E t^2}{12 L^2 (1-\mu^2)}\left[4 + 2(\frac{L}{b})^2 + 3(\frac{L}{b})^4\right] \qquad （7-1）$$

现场调查发现，岩爆下来的岩板长宽大致相等，即$L \approx b$，代入式（7-1）则有：

$$\sigma_{cr} = \frac{3\pi^2 E t^2}{4 L^2 (1-\mu^2)} \qquad （7-2）$$

该力学模型可对爆坑为什么呈"下大上小"的形态（图7-1）、卡姆奇克隧道为什么拱顶有平层更易发生岩爆、岩爆崩落岩块为什么大多呈板块、先期尺寸较大随后逐渐减小（图7-10）等岩爆实际发生情况给出合理的解释。这也说明该力学模型是适宜于卡姆奇克隧道岩爆的。

3）岩爆控制措施的力学分析

由式（7-2）可看出，从力学上分析，防治和减弱岩爆有如下3种途径：

（1）减小围岩所受的近水平向的应力，使之小于岩板的脆断临界失稳应力σ_{cr}。可采用的方法是超前应力释放。

（2）增大围岩泊松比。可采用的方法是洒水、软化围岩。由于围岩坚硬、致密、含泥量很低，洒水只能使表层湿润，无法渗入内部，所以无法达到使围岩泊松比明显增大的目的，效果不明显，不可行。

（3）提高岩板的临界失稳应力σ_{cr}，使之与近水平向应力抗衡。采用的途径为：减小岩板的无支承段长度L，提高岩层厚度t。

由式（7-2）可看出：岩板的脆性断裂失稳的临界应力σ_{cr}与岩板无支承段长度L的平方成反比，与岩板厚度的平方成正比。因此，减小岩板无支承段长度L，提高岩板厚度可大幅提高岩板的脆断临界失稳应力σ_{cr}，有效防止或减弱岩爆。

4）主动防控岩爆的超前支护技术

卡姆奇克隧道的岩爆在爆破开挖后很快就发生，岩爆发生时还在出碴，根本来不及支护。因此，传统的、开挖后再支护的岩爆防治措施并不适用，必须针对岩爆特点及其形成的力学机制，研究能在爆破开挖后及时发挥作用的岩爆超前防控技术。

上述分析表明：减小岩板无支承段长度L，提高岩板厚度t，可大幅提高岩板的脆性断裂失稳的临界应力σ_{cr}，有效防止或减弱岩爆。为减小岩板的无支承段长度L、提高岩板厚度t，可在拱顶-拱腰段施作超前小导管。

具体做法是：在可能发生岩爆的区段，开挖前，先在掌子面的拱顶-拱腰以5°～10°外插角钻孔，随后打入与孔眼直径相当的超前小导管，如图7-12所示。

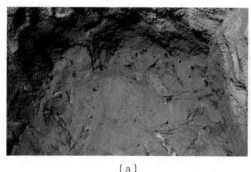 

（a）   （b）

图7-12　主动控制岩爆的超前支护现场照片
（a）掌子面拱部超前小导管；（b）开挖后拱顶超前支护整体情况

超前小导管后端不用钢拱架支承，呈悬臂受力状态，特别适宜于凿岩台车机械化施工。

由于超前小导管的直径与孔眼直径相当，小导管顶入孔眼后与周边围岩密贴，爆破开挖后，它可及时发挥下列主要作用：

（1）为拱部原有的或劈裂后形成的层状岩板提供支点，减少岩板无支承段长度。如图7-13（a）所示，如果正好在岩板无支承段的中间施作了小导管，则可使其无支承段长度减小一半，岩板脆性断裂失稳的临界应力增加至原来的4倍。

（2）如图7-13（b）所示，超前小导管还将拱部较薄的层状岩板"串"在一起，提高了岩板的厚度。

在上述两方面的共同作用下，拱顶岩板脆性断裂失稳的临界应力σ_{cr}大幅提高，岩爆发生可能性及岩爆强度明显降低。由于超前小导管在爆破开挖前就已施作，因此，可在爆破开挖后及时发挥作用、主动控制岩爆。

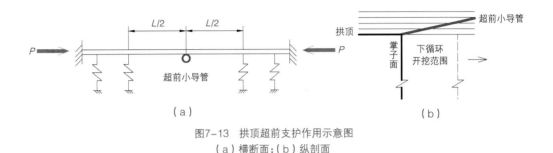

图7-13　拱顶超前支护作用示意图
（a）横断面；（b）纵剖面

5）超前悬臂支护控制岩爆的现场实施

（1）适用条件

拱顶-拱腰施作超前小导管的主要作用是减少拱顶-拱腰无支承岩板的长度，提高岩板厚度，从而提高岩板的脆性断裂临界失稳应力，进而主动防止和减弱岩爆。因此：

①它适用于可能发生中等和强烈岩爆的地段；

②不适用于拱顶-拱腰段有较大规模的滑层或受结构面切割的较大倒楔体、围岩不能自稳情况。

（2）超前小导管施作

①施工参数

超前小导管长度比爆破进尺长不小于1.0m，施作在拱顶-拱腰，间距以不大于50cm为宜；掌子面处，小导管在最外圈炮孔外侧10~20cm，外插角5°~10°。

②注意事项

控制岩爆的超前小导管一定要与周边围岩密贴，为此，小导管直径应与钻孔直径接近。只有这样，才能达到为拱顶临空岩板提供支点和将拱部较薄的层状岩板"串"在一起，大幅提高岩板脆性断裂失稳的临界应力σ_{cr}的目的。

卡姆奇克隧道曾做过现场对比实验：同样用直径40mm的钻头钻孔，孔深和外插角都一样，一种是在钻孔内插入直径32mm的螺纹钢筋，钢筋前端用锚固剂将其与围岩锚固在一起；另一种是在钻孔内打入直径42mm的小导管。现场试验发现：在钻孔中插入直径32mm的螺纹钢筋时，岩爆控制效果并不明显；在钻孔内打入直径42mm的小导管则有较好的岩爆控制效果。究其原因，主要是由于钢筋直径比钻孔直径小，钢筋与围岩没有密贴的缘故。

在超前小导管的两个循环搭接段，应确保喷射混凝土厚度及质量。

5. 岩爆段安全快速施工技术

在上述岩爆预测及主动防控技术的基础上，通过合理的机械化配套，达到快速施工的目的。

1）安全快速施工管理技术

区别于传统的岩爆应力释放方法，卡姆奇克隧道以岩爆预测为基础，采用主动防控岩爆的超前悬臂支护技术，通过合理的机构化配套，尽量采用机械化施工，在保证施工安全的基础上，加快施工进度，降低工程成本，做法如下：

（1）尽量采用凿岩台车、湿喷机械手等机械化配套施工，以保证人员安全和提高工效。

（2）通过地质观察和便携式电磁辐射仪监测，实现定性加定量的岩爆预测预报，对工作面前方岩爆发生的可能性、岩爆的部位及岩爆等级（轻微、中等、强烈）进行比较准确地预测、预报，以便有针对性地采取对策，做到有的放矢。

（3）利用岩爆预测预报成果，根据不同的岩爆等级采取不同的工程对策，在保证安全的前提下，采取经济、合理、快速的施工措施。

（4）采用主动控制岩爆的超前悬臂支护技术，提前、主动控制岩爆，有效控制和减弱岩爆的发生，减少岩爆导致的停机待避时间和立防护性钢拱架时间；同时利用凿岩台车实现超前小导管的快速施工。

卡姆奇克隧道岩爆段施工采取"一判、二测、三防护"的3步工作法，取得了很好的实施效果，具体如下：

"一判"指通过掌子面地质观察，对工作面前方岩爆发生的可能性、岩爆部位及岩爆等级进行初步预判。

"二测"指采用便携式电磁辐射监测仪对"一判"可能出现岩爆的部位进行电磁辐射监测，根据监测结果对工作面前方岩爆进行较准确地预测。

"三防护"指根据岩爆预测结果采取超前悬臂支护技术、控制循环进尺等针对性措施，提前控制岩爆。岩爆段施工流程如图7-14所示。

2）工料机配置

施工过程中，通过人员、设备的优化配置达到经济、快速的施工目的。卡姆奇克隧道岩爆段单个工作面的劳动力配备见表7-3，主要施工机具及材料见表7-4、表7-5。

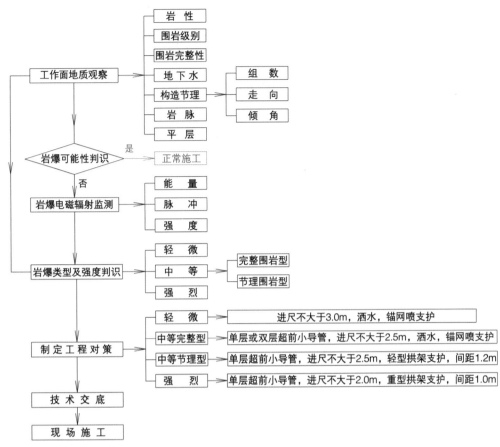

图7-14　岩爆段施工工艺流程图

单个工作面劳动力组织情况表　　　　表7-3

序号	工种或班组	需要人数	备注
1	地质人员	1	专业人员
2	岩爆监测人员	1	培训合格专职人员
3	岩爆判识人员 3 经理、总工、生产经理		
4	凿岩台车司钻工	3～4	一个班
5	湿喷机操作手	3～4	一个班
6	支护班组	8～10	一个班
7	维修保养工	2	一个班
8	电工	1	—
合　计	—	22～26	—

主要施工机械设备表 表7-4

序号	设备名称	设备型号	单位	数量	用途
1	三臂（或二臂）凿岩台车	Sandvik DT1130（三臂）Sandvik DT820（二臂）	台	1	钻炮眼 施作超前小导管
2	湿喷机	CIFAcss3（30m3/h）	台	1	喷射混凝土
3	围岩动力灾害声电监测仪	YDD16	台	1	岩爆监测
4	测量仪器	徕卡全站仪	套	1	测量放线

主要施工材料表 表7-5

序号	名称	单位	数量	备注
1	ϕ42 无缝钢管	根	12~16	环向间距不超过50cm
2	格栅钢架	榀	2	间距1.2m，仅强烈岩爆及节理围岩型中等岩爆采用
3	C20湿喷混凝土	m³	7.5	按循环进尺2.5m计算

3）实施效果

从2015年4月开始，上述岩爆快速施工管理技术已在现场广泛应用，取得很好的应用效果，主要体现在下列方面：

（1）岩爆预判的准确度明显提高，岩爆防治更有针对性。利用岩爆综合预判成果，一方面动态调整开挖进尺；另一方面根据岩爆等级采取对应的工程对策，以及决定是否需要施打超前小导管、打多少根及小导管的重点施打部位。岩爆段施工安全性明显提高。

（2）岩爆得到了有效控制，因剧烈岩爆而停机待避的次数大幅减少，工效明显提高。根据现场的统计数据，本项目共节约工期约3个月。2015年4月份后，岩爆频繁的隧道进口，1号、2号、3号斜井工区月进尺屡创新高，正洞、安全洞、2号斜井在岩爆条件下最高月进尺仍高达257m、313m和319m。

（3）超前悬臂支护使用后，立防护性钢拱架的地段大幅减少，既节约了材料又节省了立拱架的时间，工效大大提高，成本明显降低。根据现场测算，岩爆段（轻微和中等）每循环采用超前悬臂支护比采用防护性钢拱架节约工时50min，节约费用约8000元。

（4）在保证安全质量的前提下，开挖工期提前约3个月。用时不到3年完成总长度超过47km的岩爆隧道（包括主洞、安全洞、斜井和联络通道）开挖贯通，这在国内外钻爆法施工隧道中都少见。项目受到监理单位德铁国际（DBI）、业主单位乌兹别克斯坦国家铁路公司及中国中铁总公司等单位的高度肯定，项目在中央电视台、《人民日报》、新华网等中央媒体多次报道，取得了很好的社会效益和经济效益。

第二节　超前地质预报

（一）隧道施工中的不良地质

1. 围岩稳定性

隧道通过地段为火成岩大类，以硬质岩为主，工程地质条件及水文地质条件总体较简单，围岩总体稳定性较好，但隧道通过以下部位时，围岩稳定性较差，存在失稳坍塌可能：

（1）断裂带、节理密集带：测区属于库拉米背斜南部区域、北部及轴心区域，背斜形成高度复杂的褶皱及多条西北走向的大断裂，构造作用强烈，断裂破碎区域岩体破碎，岩体稳定性差。

（2）接触带：测区范围遍布火成岩，多以岩基、岩墙、岩盖形式分布，火成岩之间多呈侵入接触关系，接触带围岩完整性较差。

（3）本隧道节理走向以300°～309°、320°～329°、290°～299°、310°～319°四组节理最为发育，与隧道走向平行或小角度相交，不利于隧道边墙的稳定。

（4）高地应力地段：隧道多个地段埋深在400m以上，最大埋深约1275m，经计算存在高地应力，硬岩发生岩爆的可能性大。

（5）隧道主要穿越6条断层，断层带岩体破碎，影响带岩层揉皱挤压明显，隧道施工有塌方涌水危险。另外，由于这些断层大部分与隧道呈小角度相交，破碎带及影响带在洞身延伸远，出露范围广，对隧道施工影响大。

2. 冻融作用

受库拉米高山区自然气候条件限制，基岩裂隙水及第四系孔隙水在气温影响下有冻结、融化现象，对洞门附近岩体及洞门结构都有较大影响，冬期施工时洞门位置应做好保暖防护，保障洞室内部施工温度，必要时采取取暖措施，防止洞门附近基岩裂隙水冻结、融化导致洞门破坏。

3. 突涌水

隧道集中涌水地段的预测，是建立在对该区的工程地质调绘和水文地质条件具有足够认识的基础上。本隧道集中涌水地段主要为断裂构造带及其影响带，以及岩性接触带地段。测区断裂构造发育，F7构造带附近地表泉眼出露，植被发育，构造带内岩体破碎，多为良好储水或导水构造。一般构造带储存大量地下水，而构造影响带节理发育，岩体完整性差，能够储存丰富的地下水，隔水带一旦被揭穿，容易出现大量涌水。

4. 地应力、硬岩岩爆

根据地质勘察资料，在最大的库姆别里斯克断层中水平位移几乎超过垂直位移，通过核算确定，卡姆奇克隧道在区域较深地区岩层的水平压力变形超过垂直压力变形，确定初始地应力的最大主应力方向为水平主应力。

隧道通过区域内构造作用强烈，断裂发育，应力集中，且隧道最大埋深约1275m，隧道通过地段岩性为石英斑岩、花岗斑岩、花岗正长岩等，岩石质地坚硬，隧道开挖存在岩爆可能。

5. 地温

根据经验公式估算隧道洞身处原岩温度：

$$T = t + (H - h)gr \qquad (7-3)$$

式中　　T —— H深度处隧道原岩温度（℃）；

　　　　t —— 恒温层温度（℃）；

　　　　H —— 隧道埋藏深度（m）；

　　　　h —— 恒温层距地面的深度（m）；

　　　　gr —— 地温梯度，采用全球平均正常地温梯度3℃/100m。

t按当地年平均气温5.6℃，h取30m。隧道内气温不宜超过25℃。按上述公式计算，当隧道埋深超过677m时，隧道内的原岩温度将超过25℃。本隧道约有7km埋深超过677m，最大埋深约为1275m，计算原岩最高温度达42.5℃，施工存在高地温可能。

6. 放射性

隧址区岩性以火山岩为主，花岗斑岩、花岗正长岩均属于含放射性物质岩石。

工作场所γ值的安全划分标准为0.5μSv/h（相当于50微伦琴/时），本隧道区域围岩γ数值普遍低于安全值，环境辐射水平正常，但局部区域γ数值大于安全值。

据辐射检测人员在隧道内检测，隧道掌子面开挖，在刚放过炮时，辐射强度最高，检测仪器有报警，待洒水、通风后，辐射值降低到安全范围内，辐射平均值为23微伦琴/时，初步测试不具有放射性异常数值。

（二）隧道超前地质预报总体方案

根据区域地质资料和可研文件，结合现场勘察情况，制定预报方案，针对不同地段的工程地质情况进行地质预报重要性分级，不同级别的地段采取不同的预报手段，以达到既预报准确又节省有限预报资源的目的。

采取长距离宏观预报与短距离准确预报相结合、隧道洞内探测与洞外地面地质调查相结合、地质方法与物探方法相结合，开展多层次、多手段的综合超前地质预报，并贯穿于施工全过程。超前预报工作流程见图7-15。

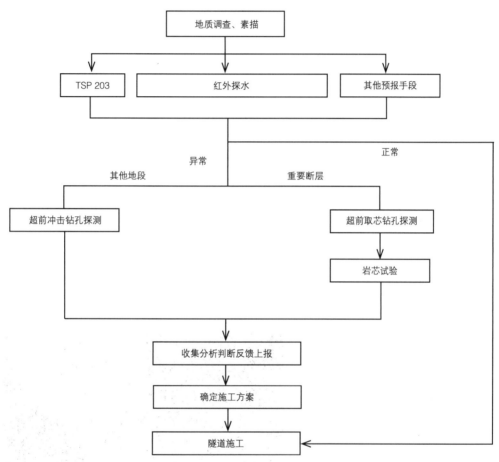

图7-15 超前地质预报工作流程图

长距离预报主要采用地质分析法，根据地面测绘和其他基础资料对隧道通过区的地质界线、地层岩性、地质构造、围岩级别、储水构造、富水规模以及其他不良地质及特殊地质发育情况进行长距离、宏观预测预报，分析和把握存在的主要工程地质问题、主要地质灾害隐患及其分布范围、在隧道内揭示的大致里程等，从而制定预报预案，并根据揭示情况进行不断地修正。

中长距离预报是在长距离预报的基础上采用地震反射波法、深孔水平钻探等对掌子面前方30～350m范围内的地质情况作进一步地预报，如对不良地质体的位置、规模、性质作较为详细地预报，粗略地预报围岩级别和地下水情况等。

短距离预报是在中长距离预报的基础上采用掌子面素描、红外探水、超前钻孔等方法进行预报，探明掌子面前方30m范围内地层岩性、地质构造、不良地质及地下水出露情况等，对可能有突泥、突水和其他不良地质情况的地段应进行钻孔验证。

根据不同的地质灾害分级，针对不同类型的地质问题，选择不同的方法和手段开展超前地质预报。

（三）隧道超前地质预报方法及原理

1. 地质调查与地质素描

核对勘测资料，掌握隧道所在地区的地层岩性、地质构造、不良地质及水文地质情况，为隧道内地质预报提供方向性的依据。根据勘察单位提供的隧道工程地质图，调查范围主要为隧道进出口及隧道中线两侧各1～2.5km的范围，主要调查隧道地层岩性、地质构造、不良地质、地下水的特征。

地质素描是隧道开挖后及时记录隧道洞身和掌子面地质情况的一种方法，见图7-16，它是地质调查的细化和补充，结合勘察和地质调查取得的地质资料可以预测隧道前方地质情况，同时为隧道运营维护提供全面准确的地质资料。

1）地质素描主要内容

（1）地层岩性

地层地质年代、岩层厚度、层间结合程度、岩层产状、岩性、岩石硬度、风化程度等。

（2）地质构造

断层破碎带宽度、破碎带的成分及胶结程度、破碎带的含水情况以及与隧道的关系；节理裂隙特征、节理裂隙的组数、产状、间

图7-16 节理产状测量

距、充填物质、延伸长度、张开度及节理面的起伏情况，节理裂隙的组合状况。

（3）不良地质

高地应力及对隧道的影响。

（4）地下水的特征

出水点位置、水量、水压、水温、水色、悬浮物（泥砂等）测定；出水点和地质环境（地层、构造、含水体等）的关系；与地表相关气象、水文观测；洞内涌水与地表径流、降雨的关系；必要时进行水样分析。

2）围岩稳定性评价和预报

根据地质素描得到地层岩性、地质构造、不良地质、水文地质特征等，判定围岩完整性和围岩分级，结合勘察和地质调查取得的地质资料预测隧道前方地质情况。对拱顶和左右边墙进行地质素描、数码摄像，绘制地质展示图（60m/张）。地质素描使用的仪器主要是地质罗盘和数码相机以及计算机。

2. TSP203+超前地质预报

TSP203+超前地质预报系统是专门为隧道和地下工程超前地质预报研制开发的目前世界上在这个领域最先进的设备，它能方便快捷地预报掌子面前方较长范围内的地质情况，弥补传统地质预报方法只能定性预报无法定量预报的缺陷，为更准确的地质预报提供一种强有力的科学方法和工具。它不仅可以及时地为变更施工工艺提供依据，而且可以减少隧道施工中突发性地质灾害的危险性，为隧道施工提供更安全保障。

TSP203+每次可探测100～300m，为提高预报准确度和精度，采取重叠式预报，重叠部分（不小于10m）对比分析，每次探测结果与开挖揭示情况对比分析。

1）预报原理

TSP203+超前地质预报系统是利用地震波在不均匀地质体中产生的反射波特性来预报隧道掘进面前方及周围临近区域地质状况的，TSP方法属于多波多分量高分辨率地震反射法。地震波在设计的震源点（通常在隧道的左或右边墙，大约24个炮点）用小量炸药激发产生，当地震波遇到岩石波阻抗差异界面（如断层、破碎带和岩性变化等)时，一部分地震信号反射回来，一部分信号透射进入前方介质。反射的地震信号将被高灵敏度的地震检波器接收，数据通过TSP软件处理，就可以了解隧道工作面前方不良地质体的性质（软弱带、破碎带、断层、含水等）和位置及规模。

2）数据采集与分析

TSP203+超前地质预报系统分为洞内数据采集和室内分析处理两大部分。

（1）洞内数据采集

洞内数据采集主要由接收器、数据记录设备以及起爆设备三大部分组成，见图7-17、图7-18。

洞内数据采集包括打接收器孔、爆破孔、埋置接收器管、连接接收信号仪器、放炮接收信号等过程。

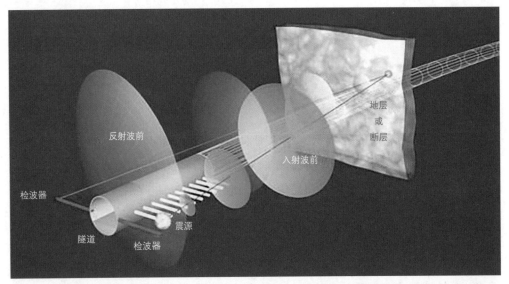

图7-17 TSP分析原理图

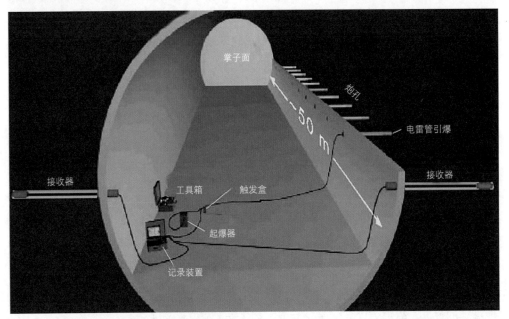

图7-18 TSP203+洞内数据采集部分示意图

①钻接收器孔2个，见测线布置。

②钻爆破孔24个，见测线布置。

③埋置接收器管：将环氧树脂放入接收器孔中，然后将接收器管旋转插入孔内，15min后环氧树脂接收器管与周围岩体就能很好地粘结在一起。

④装药：每爆破孔装药量大约75g（岩石2号乳化炸药），根据围岩软硬完整破碎程度与距接收器位置的远近而不同。

⑤联线：将设备各组件及爆破导火线联结好。

⑥放炮，接收信号。

⑦拆线，清理设备。

（2）室内计算机分析处理

图7-19　TSP洞内数据采集

采集的TSP数据（图7-19），通过TSP软件进行处理。TSP软件处理流程包括11个主要步骤，即：数据设置→带通滤波→初至拾取→拾取处理→炮能量均衡→Q估计→反射波提取→P-S波分离→速度分析→深度偏移→提取反射层。通过速度分析，可以将反射信号的传播时间转换为距离（深度），可以用与隧道轴的交角及隧道工作面的距离来确定反射层所对应的地质界面的空间位置，并根据反射波的组合特征及其动力学特征解释地质体的性质。

通过TSP软件处理，可以获得P波、SH波、SV波的时间剖面、深度偏移剖面，提取的反射层、岩石物理力学参数、各反射层能量大小等成果，以及反射层在探测范围内的2D或3D空间分布。

（3）提交资料

室内分析处理一般在24h内完成并可提交正式成果报告，报告一般包括如下内容：①工作概况；②探测的方法、设备及原理；③测线布置；④对测试结果的初步分析；⑤结论；⑥TSP报告中应附的成果图表：现场数据记录表、岩石参数曲线图（横坐标为里程）、二维结果图（横坐标为里程）、岩石参数表。

（4）与隧道施工工序衔接

施钻炮孔和接收器孔可与隧道施工平行作业，由工程施工单位完成，并且数据采集所用的乳化炸药和瞬发电雷管由施工单位免费提供，届时预报单位以工程联系单形式书面就钻孔的孔位、孔深、倾斜及炸药和雷管的数量等具体要求与作业公司联系。为洞内数据采集接收信号时减少噪声，一般要求45min左右短暂停工。

（5）预报范围

本隧道根据围岩中地震波的传播距离，在地质复杂地段，如断层等特殊地段，为提高精度，预报频率为100m/次；其余地段120~250m/次，本隧道全程连续施作。

3. 红外线探水

1）原理

在隧道中，围岩每时每刻都在向外部发射红外波段的电磁波，并形成红外辐射场，场有密度、能量、方向等信息，岩层在向外部发射红外辐射的同时，必然会把它内部的地质信息传递出来。干燥无水的地层和含水地层发射强度不同的红外辐射，红外线探水仪通过接收岩体的红外辐射强度，根据围岩红外辐射场强的变化值来确定掌子面前方或洞壁四周是否有隐伏的含水体，见图7-20。

2）特点

优点：测量快速，基本不占用施工时间；资料分析快，测量完毕，即可得出初步结论。

缺点：只能测量出含水体的方位，测量不出含水体隐藏深度及水量大小、水压等参数。

3）现场数据采集

（1）在施工隧道的隧顶和两侧边墙的中部各布置一条测线，5m点距，发现异常后加密测点，并初步分析异常的可能原因，如因喷浆、照明灯等干扰影响应删除，并重测。

（2）在掌子面上均匀布置9个测点，发现异常后加密测点，并初步分析异常的可能原因，如因喷浆、放炮、照明灯等干扰影响应删除，并重测。

（3）每次探测应对岩体的裂隙发育情况和隧道壁渗水情况进行详细记录。

4）资料提交

红外超前探水报告并附对掌子面及三条测线探测的红外场强值曲线图及探测数据表。

5）探测范围

红外探测每循环可探测30m，为提高预报准确度和精度，采取重叠式预报，20~30m探测一次，重叠部分对比分析。

4. 超前地质钻孔

超前地质钻孔是对TSP203+预报和地质雷达探测、高密度电法探测、红外探测等手段探测到的不良地质体的确认。在物探手段单一的情况下超前地质钻孔应连续搭接进行，超前地质钻孔的位置、孔深、数量、取芯等由地质人员根据物探预报成果并结合掌子面附近的地质情况综合分析确定，见图7-21。

图7-20　红外线探测

图7-21　超前地质钻孔

1）超前地质探孔特点

优点：可以直接从取出的岩芯或岩粉了解前方的地质情况，方法直接可靠。

缺点：往往以一孔或几个孔代表掌子面前方的整体，具有局限性；对隧道施工干扰大，通常一个循环的超前探孔需要中断隧道施工10~20h。为了尽可能减少对隧道施工的干扰，超前地质探孔需加工施工作业台架、台架运移轨道及钻机台板，钻机通常放在专用的钻机台车上，把钻机台车直接拖到掌子面，固定台车，连接电源、风管和水管即可施工。施工完成后，把台车拖到洞外。这样能减少钻机在洞内安装和拆卸占用隧道施工的时间（通常钻机安装和拆卸需要3~5h）。

2）钻进方式

采用冲击钻进，必要时应采用取芯钻进。

3）钻孔数量及深度

在A级预报段钻1~3孔，遇到特大异常，钻孔增至4~7孔，B级预报段必要时钻1孔，深度30~60m，以探明前方地层完整性、断层、地下水发育情况（水量、水压、水温、悬浮物等）。

施钻深度满足设计要求并经现场技术人员确定签认后方可停钻。循环预报搭接长度以3~8m岩盘为宜，以此做安全储备及止浆岩盘。

4）钻孔布置及其参数

见图7-22及表7-6~表7-10。

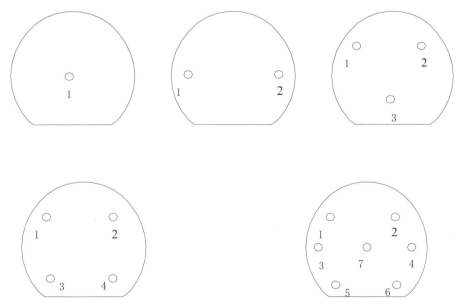

图7-22　掌子面钻孔布置图

掌子面超前1孔钻孔参数   表7-6

孔号	水平角（°）	竖直角（°）	孔深（m）
1	0	0	30～60

掌子面超前2孔钻孔参数   表7-7

孔号	水平角（°）	竖直角（°）	孔深（m）
1	左偏5	上仰3	30～60
2	右偏5	下俯3	30～60

掌子面超前3孔钻孔参数   表7-8

孔号	水平角（°）	竖直角（°）	孔深（m）
1	左偏5	上仰3	30～60
2	右偏5	上仰3	30～60
3	0	0	30～60

掌子面超前4孔钻孔参数   表7-9

孔号	水平角（°）	竖直角（°）	孔深（m）
1	左偏5	上仰3	30～60
2	右偏5	上仰3	30～60
3	左偏5	下俯3	30～60
4	右偏5	下俯3	30～60

掌子面超前7孔钻孔参数   表7-10

孔号	水平角（°）	竖直角（°）	孔深（m）
1	左偏8	上仰3	30～60
2	右偏8	上仰3	30～60
3	左偏8	0	30～60
4	右偏8	0	30～60
5	左偏8	下俯3	30～60
6	右偏8	下俯3	30～60
7	0	0	30～60

5）资料提交

超前地质钻孔由地质技术人员进行地质编录和孔内必要的测试后，整理得到超前探孔成果，内容如下：

（1）钻孔柱状图，描述地层、岩性、节理裂隙特征，记录钻孔过程中有价值的信息，提出围岩完整性评价。

（2）记录出水位置，进行孔内水量、水压、水温等测试，预测隧道涌水量。对于水量大于1L/s的出水点，建立出水点档案，进行动态观测。

（3）编写钻探报告。

5. 综合地质预报

综合地质预报中，常规地质预报是地质预报的基础，只有通过勘察和地质调查才能从区域范围内了解隧道通过的地层岩性、对隧道施工影响较大的地质构造、不良地质及地下水特征，再通过地质素描将勘察和地质调查得到的地质信息投影到隧道中，达到细化和补充的作用，但是常规的地质预报是用已开挖揭露的地质信息来推测前方的地质情况，只能定性推测，无法达到定量。在此基础上通过TSP和红外探测预报，取得掌子面前方的异常信息及异常信息的位置，结合常规地质预报已得到的地质信息，来解释掌子面前方可能存在的地质问题，从而达到量化效果，但是TSP和红外探水物探方法存在多解性，加上地质条件的千变万化，往往只能提供异常区可能存在的地质问题。所以我们在异常区域内实施超前水平探孔，来直接验证异常区内的地质情况。这样的一种立体的、综合的地质预报方法为隧道施工提供更准确的地质资料，同时也为隧道施工中突发性地质灾害建立预警预报机制，为隧道施工提供更安全的保障。其具体任务如下：

（1）根据以上超前地质预报结果，综合分析掌子面围岩的岩性、结构、构造和地下水情况，判断掌子面前方围岩的工程地质、水文地质特征，并依此提出工程措施建议和进一步预报的方案。

（2）将掌子面出现的结构面，通过几何作图进行预报。通过作图确定隧道拱顶、边墙不稳定块体规模，提出加强措施建议。

（3）根据开挖段围岩的工程地质、水文地质特征进行预报结果的验证，提出是否修改预报方法及参数的意见。

（4）根据开挖段及掌子面水文地质情况，提出注浆止水方案的建议。

（四）超前地质预报案例（2号斜井断层预报）

1. 原设计情况

ⅡXJK1+400～ⅡXJK1+490段为断层影响带，岩体较破碎，地下水发育，围岩级别为Ⅳ级；ⅡXJK1+490～ⅡXJK1+580段为F6断层破碎带，岩体破碎，地下水发育，围岩级别为Ⅴ级；ⅡXJK1+580～ⅡXJK1+660段为断层影响带，岩体较破碎，地下水发育，围岩级别为Ⅳ级。

2. TSP探测结果

1）ⅡXJK1+330～ⅡXJK1+391.9段围岩岩体较破碎，岩石硬度较上段变软，节理裂隙发育，其中在ⅡXJK1+359～+366附近可能岩石硬度下降，岩体破碎，推测为断层影响带；整段地下水发育，其中在ⅡXJK1+358~+367、+430附近可能出水，推测围岩等级为Ⅳ级。

2）ⅡXJK1+391.9~ⅡXJK1+450段围岩软硬岩石相互交错，岩体破碎，局部较破碎，节理裂隙发育，整段地下水发育，推测围岩等级为Ⅴ级。ⅡXJK1+450~ⅡXJK1+507段围岩岩体破碎，岩石硬度较上段下降，节理裂隙发育，整段地下水发育，推测围岩等级为Ⅴ级。

3）ⅡXJK1+507~ⅡXJK1+565段围岩软硬岩石相互交错，岩体破碎，局部较破碎，节理裂隙发育，地下水发育，推测围岩等级为Ⅴ级。ⅡXJK1+565~ⅡXJK1+594段围岩岩体较破碎，局部较完整，岩石硬度较上段上升，节理裂隙发育，地下水较发育，推测围岩等级为Ⅳ级。ⅡXJK1+594~ⅡXJK1+623段密度下降，推测围岩岩石硬度较上段下降，岩体破碎，节理裂隙发育，地下水发育，推测围岩等级为Ⅴ级。ⅡXJK1+623~ⅡXJK1+657.2段围岩岩体较完整，局部较破碎，岩石硬度较上段上升，节理裂隙较发育，地下水较发育，其中在ⅡXJK1+623附近岩石硬度下降，节理裂隙增加，可能出水，推测围岩等级为Ⅳ级。

4）ⅡXJK1+657.2~ⅡXJK1+699段岩体较完整，局部破碎，节理裂隙较发育，整段地下水不发育；其中在ⅡXJK1+671~ⅡXJK1+681附近可能岩体破碎、发育地下水，推测围岩等级为Ⅳ级。ⅡXJK1+699~ⅡXJK1+759段围岩岩石硬度较上段下降，软硬岩石相互交叉，岩体破碎，节理裂隙发育，地下水发育，其中在ⅡXJK1+718~ⅡXJK1+747附近岩体变差趋势明显，推测围岩等级为Ⅴ级。ⅡXJK1+759~ⅡXJK1+785段推测岩体较完整，局部较破碎，节理裂隙较发育，整段地下水不发育；其中在ⅡXJK1+772附近可能岩体较破碎、发育地下水，推测围岩等级为Ⅳ级。

5）ⅡXJK1+785~ⅡXJK1+838段围岩岩体较破碎，局部破碎，节理裂隙发育，地下水发育；其中在ⅡXJK1+800~ⅡXJK1+822、ⅡXJK1+838附近可能岩石硬度下降，节理裂隙发育、地下水发育，推测围岩等级以Ⅴ级为主。ⅡXJK1+838~ⅡXJK1+858段岩体较破碎，节理裂隙发育，地下水发育，推测围岩等级以Ⅳ级为主。ⅡXJK1+858~ⅡXJK1+876段围岩岩体较破碎，局部破碎，节理裂隙发育，地下水较发育，推测围岩等级以Ⅴ级为主。ⅡXJK1+876~ⅡXJK1+955段岩体较完整，局部较破碎，节理裂隙较发育，地下水不发育；其中在ⅡXJK1+893附近可能岩石硬度下降，节理裂隙发育，地下水发育。

6）ⅡXJK1+955~ⅡXJK2+060段围岩软、硬岩交替发育，岩体较破碎，节理裂隙发育；地下水较发育。推测围岩等级以Ⅳ级为主。

3. 实际开挖揭露围岩

ⅡXJK1+387.5～ⅡXJK1+980段为断层破碎带及其影响带，主要表现为：地下水发育，岩体挤压破碎，破碎带夹层与斜井近似平行角度发育，主要发育在掌子面起拱线以上，对隧道稳定性造成了极大不利影响；此断层两侧地下水发育，中部无水。

4. 预报结论

通过对2号斜井断层段的预报，我们掌握了断层的具体情况，探明了未开挖段的地质情况，基本探明了隧道的规模、影响范围、地下水情况、岩体破碎情况，为后续施工提供了安全建议。

第三节　长距离施工通风

（一）施工通风设计

1. 施工通风设计标准

隧道施工作业环境的标准为：

1）隧道中氧气含量按体积百分含量计不得小于20%。

2）粉尘最高容许浓度，每立方米空气中含有10%以上游离二氧化硅的粉尘为2mg；每立方米空气中含有10%以下游离二氧化硅的粉尘浓度为4mg。

3）有害气体最高允许浓度：

（1）一氧化碳最高容许浓度为30mg/m³。在特殊情况下，施工人员必须进入工作面时，浓度可为100mg/m³，但工作时间不得超过30min。

（2）二氧化碳，按体积百分含量计不得大于0.5%。

（3）氮氧化物（换算成NO_2）为5mg/m³以下。

4）隧道内气温不得大于28℃。

5）隧道内噪声不得大于90dB。

6）隧道施工通风的风速不应小于0.5m/s。

2. 需风量计算

隧道施工作业面所需通风量应根据隧道内同时工作的最多人数所需要的通风量，一次起爆炸药量所产生的有害气体降低到允许浓度所需要的通风量，隧道内同时作业的内燃机械产生的有害气体稀释到允许浓度所需要的通风量，并取其中的最大值作为隧道施工作业面的需风量，最后按最低风速进行验算。根据隧道内施工组织方案确定了风量计算的参数，见表7-11。

风量计算参数   表7-11

项目		安全隧道	斜井	正洞	单位
通风断面积		21.7	34.4	34.4	m²
一次爆破炸药量		90	126	171	kg
洞内最多作业人数		30	30	50	人
人员配风标准		3	3	3	m³/（人·min）
通风换气长度		120	120	120	m
内燃机械设备	装碴（服务隧道为扒碴机，斜井与正洞为装载机）	—	150×1	150×1	kW
	出碴（自卸汽车）	—	195×1	195×1	kW
内燃机械配风标准		4	4	4	m³/（kW·min）
平均百米漏风率		1.5	1.0	1.5	%
通风时间		15	15	15	min
最低风速		0.5	0.5	0.5	m/s

风量计算结果：

1）按洞内同时作业最多人数计算，安全隧道开挖面需风量为90m³/min，正洞和斜井开挖面需风量为150m³/min。

2）按开挖面爆破排烟计算需风量为：安全隧道开挖面排烟需风量为552.7m³/min，斜井开挖面排烟需风量为774m³/min，正洞开挖面排烟需风量为1050m³/min。

3）按稀释内燃机废气计算需风量为：安全隧道有轨运输不考虑内燃机械，斜井和正洞开挖面需风量均为1380m³/min。

4）按最低风速计算需风量为：安全隧道开挖面最小风量为651m³/min，斜井和正洞开挖面最小风量均为1032m³/min。

根据以上计算结果：安全隧道按最低风速计算需风量为控制风量，安全隧道开挖面需风量为651m³/min；斜井和正洞按内燃机械废气计算需风量为控制风量，开挖面需风量均为1380m³/min。另外，从安全隧道超前增开的正洞开挖面采用无轨运输出碴，所以以爆破排烟需风量为控制风量，为1050m³/min。

3. 通风方式选择

正洞与斜井采用无轨运输，安全隧道采用有轨运输，斜井均比较长，断面小、送风距离长，在通风方式选择上应尽量降低风管长度，同时充分考虑隧道断面净空影响。各工区通风方式选择如下：

1）进口和出口工区采用射流巷道式通风。

2）1号、2号、3号斜井工区采用单斜井双正洞射流巷道式通风。

（二）施工阶段通风布置（以3号斜井和出口工区为例）

1. 3号斜井各施工阶段通风布置

3号斜井工区负责斜井1845m、主洞3699.3m（其中：进口方向2326.3m，出口方向1373m）和安全洞3781.2m（其中：进口方向2394.6m，出口方向1386.6m）的施工任务。3号斜井工区与出口工区安全洞未贯通前，3号斜井工区采用压入式通风，与出口工区安全洞贯通后，采用巷道式射流通风系统。

第一阶段：斜井开挖施工阶段

开挖作业面设置：斜井井身一个开挖作业面。

通风系统布置概述：该阶段采用独头压入式通风。

斜井口安设1台SDF（B）–№11.5风机（技术参数：1480rpm、+3°、功率75kW×2），匹配ϕ1.8m风管送风。经计算需在通风距离达到1800m时更换风机（技术参数：1480rpm、+3°、功率132kW×2），以确保风管出口风量满足掌子面需风量。

第一阶段通风系统布置示意图如图7-23所示，风管挂设示意图如图7-24所示。

第二阶段：3号斜井开挖施工完成，且出口工区与3号斜井工区安全洞贯通前阶段。

开挖作业面设置：除去井底主联通道至副联通道区间段，该阶段开挖面分主洞进口方向、主洞出口方向、安全洞进口方向、安全洞出口方向4个开挖作业面。

通风系统布置概述：该阶段采用压入式独头通风方式供风，在斜井口安设3台风机分别向4个开挖面送风。斜井内布置两路ϕ1.8m风管、一路ϕ1.6m风管。

1）1台SDF（B）–№13风机（技术参数：1480rpm、+3°、功率132kW×2），匹配ϕ1.8m风管向主洞进口方向开挖面送风。

2）1台SDF（B）–№11.5风机（技术参数：1480rpm、+3°、功率75kW×2），

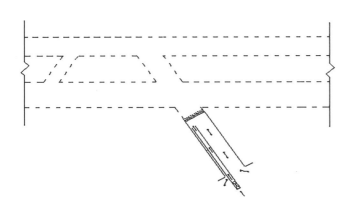

图7-23　3号斜井工区第一阶段通风系统布置示意图

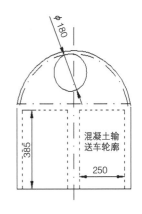

图7-24　斜井风管挂设示意图

匹配φ1.6m风管向安全洞进口方向开挖面送风。

3）1台SDF（B）-№13风机（技术参数：1480rpm、+3°、功率132kW×2），匹配φ1.8m风管，并在井底副联与主洞交叉口设置三通管分风，将φ1.8m风管分为两路风管，一路接φ1.6m风管向主洞出口方向开挖面送风，另一路接φ1.0m风管向安全洞出口方向开挖面送风。

通风系统布置示意图如图7-25所示，风管挂设示意图如图7-26所示。

第三阶段：出口工区与3号斜井工区安全洞贯通后，出口工区与3号斜井工区主洞贯通前阶段。

开挖作业面设置：该阶段共计3个开挖工作面，分别为3号斜井主洞进口方向、3号斜井安全洞进口方向、3号斜井主洞出口方向。

通风系统布置概述：出口工区与3号斜井工区安全洞贯通后，出口工区与3号斜井工区联通采用射流巷道式通风系统。为保证足够新鲜风从出口安全洞供应，通过计算从出口工区至3号斜井工区按安全洞开挖每增加600m增设1台55kW射流风机，将新鲜风流引入安全洞内，同时在斜井内设置2台55kW射流风机诱导洞内污浊空气经斜井排出洞外。出口工区与3号斜井工区除作为回风通道的横通道外，其余所有横通道均需进

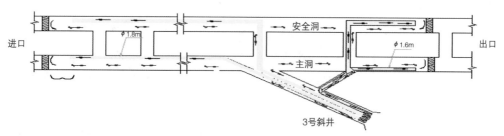

图7-25　3号斜井工区第二阶段通风系统布置示意图

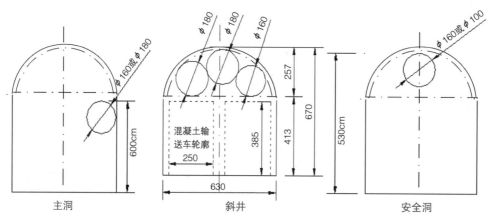

图7-26　斜井、主洞及安全洞风管挂设示意图

行封闭处理。

1）1台SDF（B）-№11.5风机（技术参数：1480rpm、+3°、功率75kW×2）安装在进口方向主洞掌子面后方的横通道内，匹配φ1.8m风管通过横通道向主洞进口方向开挖面送风。

2）1台SDF（B）-№11.5风机（技术参数：1480rpm、+3°、功率75kW×2）安装在进口方向安全洞掌子面后方的横通道内，匹配φ1.6m风管向安全洞进口方向开挖面送风。

3）1台SDF（B）-№11风机（技术参数：1480rpm、+3°、功率55kW×2）安装在出口方向主洞掌子面后方安全洞内，匹配φ1.6m风管通过联络通道向主洞出口方向开挖面送风。

各轴流风机送风距离均不长，经计算均可达到供风掌子面需风要求。通风系统布置示意图如图7-27所示，风管挂设示意图如图7-28所示。

第四阶段：出口工区与3号斜井工区安全洞、主洞全部贯通后，3号斜井工区与2号斜井主洞及安全洞贯通前阶段。

出口工区与3号斜井工区安全洞、主洞全部贯通后，3号斜井工区仅剩余进口方向

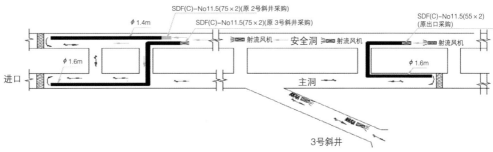

图7-27　3号斜井工区第三阶段通风布置示意图

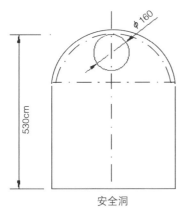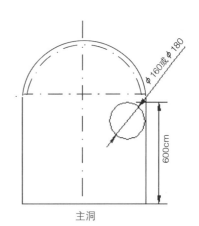

图7-28　主洞、安全洞风管挂设示意图

主洞及安全洞开挖面，该阶段采用巷道式射流通风系统，进口方向主洞及安全洞轴流风机及通风管配置情况不变，按安全洞开挖每延伸600m增设一台射流风机，直至3号斜井工区与2号斜井工区间主洞及安全洞贯通。

2. 出口工区各施工阶段通风

出口工区承担主洞4252m、安全洞4300m施工任务。隧道开挖过程中主洞和安全洞各一个开挖面。

出口工区施工通风先期采取压入式通风，后期转巷道式通风，共分三个阶段。第一阶段采用压入式通风，此时主洞开挖1900m，安全洞开挖2200m。安全洞开挖超过2200m时开始转入第二阶段巷道式通风，主洞及安全洞轴流通风机均由洞外转移至安全洞内，安全洞作为新鲜风道，主洞作为洞内空气排污通道，安全洞轴流通风机每开挖600m向前移动一次，送风距离控制在1000~1300m，主洞轴流通风机位置始终不变直至开挖完成，最大送风距离2352m，安全洞轴流通风机后方横通道全部封闭。当出口工区与3号斜井间安全洞开挖贯通后进入第三阶段通风，第三阶段撤掉安全洞开挖面供风的轴流通风机，所有联络通道封闭，直到出口工区至3号斜井间主洞停挖（根据项目总体施工组织调整，提前停挖出口工区主洞开挖，释放资源调整至2号斜井关键线路，确保项目总体工期目标）。

第一阶段：安全洞开挖长度2200m范围内施工阶段。

开挖作业面设置：主洞及安全洞各一个开挖作业面。

通风系统布置概述：第一阶段采用独头压入式通风。

1）安全洞洞口安设1台SDF（B）–№11风机（技术参数：1480rpm、+3°、功率55×2kW），匹配ϕ1.4m风管送风，通风管安装在安全洞拱顶中线以保证不通风状态下矿车正常通行。

2）主洞洞口安设1台SDF（B）–№11.5风机（技术参数：1480rpm、+3°、功率75×2kW），匹配ϕ1.6m风管送风，主洞通风管安装在线路方向左侧离填充面高5m位置。安全洞风管最长送风距离控制在2200m以内。第一阶段通风系统布置示意图如图7-29所示，风管挂设示意图如图7-30所示。

第二阶段：安全洞开挖超过2200m，出口工区和3号斜井间安全洞贯通前阶段。

开挖作业面设置：主洞及安全洞各一个开挖作业面。

通风系统布置概述：此阶段采用巷道式通风，新鲜空气由安全洞进入，污浊空气由正洞排出，主洞及安全洞的轴流通风机转移至安全洞，通风机配置、风机匹配通风管及风管挂设情况不变。主洞通风管经横通道拐入主洞向掌子面送风，安全洞通风在轴流通风机前方联络通道位置设置挡风墙，保证安全洞污浊空气在挡风墙前方经横

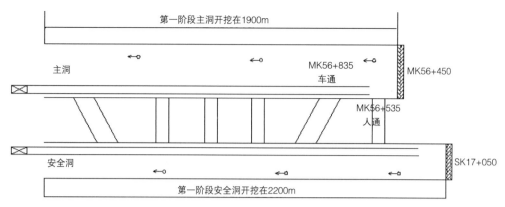

图7-29　出口工区第一阶段通风系统布置示意图

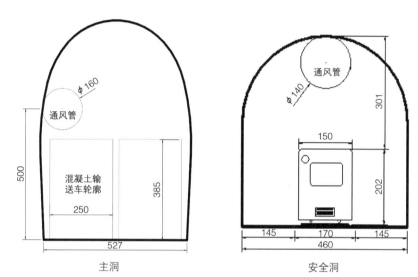

图7-30　主洞、安全洞风管挂设示意图

通道排入到主洞内，安全洞轴流通风机每开挖600m向前移动一次，保持送风距离在1000～1300m，轴流通风机后方安全洞内每600m增设一台55kW射流通风机以保证通风系统空气流通。主洞轴流通风机在第二阶段转移后不再移动，直到出口工区主洞与3号斜井间主洞停挖。通风系统布置示意图如图7-31所示，风管挂设示意图如图7-30所示。

　　第三阶段：出口工区安全洞与3号斜井安全洞贯通后主洞开挖阶段。

　　开挖作业面设置：主洞一个开挖作业面。

　　通风系统布置概述：此阶段安全洞掌子面不需要供风，轴流通风机拆除。主洞轴流风机位置、风管位置和直径均不变，继续向主洞掌子面供风，最大供风距离2352m。洞内所有横通道全部封闭，防止主洞污浊空气进入安全洞内。通风系统布置示意图如图7-32所示，风管挂设示意图如图7-30中主洞风管挂设。

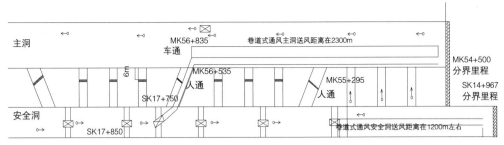

图7-31　出口工区第二阶段通风方案布置示意图

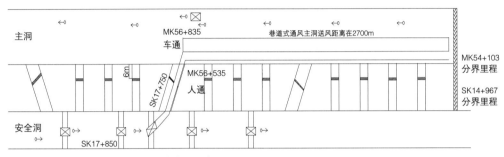

图7-32　出口工区第三阶段通风方案布置示意图

3. 施工通风管理

1）机构和人员设置

各工区施工通风设置通风组专
人负责，专人管理，每个通风组的
机构设置及人员编制如图7-33所
示。通风组人员职责分工情况见表
7-12。

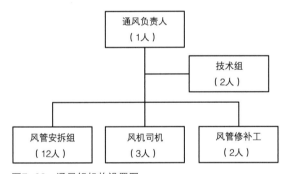

图7-33　通风组机构设置图

<table>
<tr><td colspan="3" align="center">通风人员职责分工</td><td align="right">表7-12</td></tr>
<tr><td>1</td><td>通风负责人</td><td colspan="2">全面负责施工通风技术和人员管理，
落实通风方案并组织实施，协调与其他工种之间的关系</td></tr>
<tr><td>2</td><td>技术组</td><td colspan="2">协助项目负责人工作，解决方案实施过程中的细化与修改、
过渡方案的设计以及通风效果的检测与评价等</td></tr>
<tr><td>3</td><td>风管安拆组</td><td colspan="2">负责风机、风管的安装和拆卸，管路的维护和修理，
协助技术人员完成通风监测任务</td></tr>
<tr><td>4</td><td>风机司机</td><td colspan="2">负责风机值班、风机运行状况记录工作以及风机的日常维护</td></tr>
<tr><td>5</td><td>风管修补工</td><td colspan="2">在洞外专职修补损坏的风管</td></tr>
</table>

2）通风管路的挂设

（1）一般情况

主洞通风管布置在拱腰位置，安全洞通风管固定在隧道中线顶部，统一采用打设膨胀螺栓挂勾，挂钢丝绳固定，保持通风管出口至开挖面的距离在$5\sqrt{A}$左右的长度范围，在爆破作业时停止通风。

（2）特殊情况

衬砌模板台车形式为门架式，通风管过衬砌模板台车时必须从门架顶部与外模之间的空隙穿过，此部位空间狭小，移动模板台车时容易造成通风管的损坏，在模板台车上增加钢护筒对通风管进行防护，同时在模板台车移动时安排通风班组人员现场配合作业，避免因移动模板台车造成风管的损坏。

在各工区采用巷道式通风的阶段，通风管需通过安全洞经横通道进入主洞，横通道转角处存在弯角较大部位，现场采取设置钢护筒的措施，保证过风面积，有效降低通风管路局部阻力，套钢护筒部位通风管外包防磨损材料，防止风管与钢护筒长期直接接触造成破损。

（3）通风管路维护情况

项目各工区通风管路的维护由通风班组负责，主要负责内容为：

①掌子面风管的接入，确保风管出风口距掌子面合理的送风距离。

②破损风管的修补，每天对通风管路进行巡查，发现破损部位及时修补。

③衬砌台车移位时风管的顺位。

在通风方案经计算确定后，通风管路的维护是保证长距离通风效果的关键，管路的平、顺、直可有效降低管路局部阻力，破损部位的及时修补可有效降低风管漏风率，从而确保现场通风换气效果。

（4）巷道式通风阶段轴流风机及时移位、射流风机增设及通道封闭

巷道式通风阶段，在隧道已开挖段很长距离范围内利用安全洞作为新鲜风进风风道、主洞作为污风排风风道，相当于大大增加了通风管路管径，有效降低了通风系统摩擦风阻。利用新鲜风进风通道中射流风机的射流增压克服巷道风阻，有效引导通风系统风流方向，确保洞内通风换气顺畅。因此巷道式通风阶段主洞及安全洞供风轴流风机的及时移位、射流风机按计算方案及时增设、洞内污风回风通道后方横通道的及时封闭就显得尤为重要。

①轴流风机移位情况

除2号斜井工区外，全线其他工区采用巷道式射流通风阶段，为主洞、安全洞掌子面供风的轴流风机基本保持在每完成1~2个横通道就及时往开挖掌子面方向及时前移

（出口工区转入巷道式通风阶段，主洞供风轴流风机转入安全洞后未曾移动），以便及时延长巷道式通风的巷道管路长度，降低系统风阻的同时也降低了通风能耗，并有效增长了安全洞新鲜风带长度，为安全洞后方创造了良好的洞内作业环境条件。

②射流风机增设情况

根据项目射流风机选型、单台射流风机增压克服巷道风阻通风计算，项目各工区采取巷道式射流通风的阶段，按安全洞开挖每延伸600m增设一台射流风机（55kW）。

③污风回风通道后方横通道封闭情况

巷道式通风阶段，污风回风通道后方横通道的封闭即相当于抽出或压入式通风系统中通风管路的破损修补。因此巷道式射流通风阶段要求污风回风道后方横通道需及时进行封闭，以便杜绝洞内污风循环，确保通风效果。

4. 通风效果检测评价

通风方案实施以后，实施的方案能否达到设计要求，或者设计本身是否存在问题，这些都需要通过温度、湿度、管路的进出口风量、管路的百米漏风率、通风阻力以及工作面有害气体浓度变化等项目的测试，来检查方案落实情况（主要是通风管路安装质量），评价设计方案。要求技术人员在方案实施后尽快测试，以便对存在的问题及时修正。另外，也要求技术人员对通风效果（主要工作面的有害气体浓度变化情况）进行经常性的检测，以检查通风管路的安装维护质量。

须由专业技术人员对现场通风效果进行检测，测定大气参数、风速、风量、一氧化碳、硫化氢等参数，必要时需对风机性能进行测定，根据检测结果及时调整通风机的运行状态。

风管式通风检测：用1.5m比托管、精密数字气压计以五环10点法测试管道全压和静压，用1.5m比托管、DGM-9型补偿式微压计测试通风管内风流的速压，并通过速压计算风量。

大气参数测量：用数字式温度计测试管道内、外气温，用空盒气压表、干湿球温度计测试巷道内各点气压的湿度值。

隧道内炮烟及有害气体含量测试：用P-5型数字粉尘计自动记录各测点烟尘每分钟浓度值。TX2000测隧道内一氧化碳、氮氧化物浓度。用O_2测试仪、H_2S测试仪、SO_2测试仪测隧道内O_2、H_2S、SO_2的浓度。通风检测设备见表7-13、图7-34。

通风检测仪器设备 表7-13

序号	名称	型号	单位	数量	备注
1	比托管	1.5m	个	2	
2	压力计	U 型	个	2	
3	补偿式微压计	DGM-9	个	1	
4	风速仪	KA22	台	2	
5	温度计	数字式	个	2	
6	气压表	空盒式	个	2	
7	干湿球温度计	DHM-2	个	2	
8	粉尘计	P-5 型数字式	套	2	
9	CO 检测仪	TX2000	台	2	
10	NO_X 测试仪	TX2000	台	2	
11	O_2 测试仪	TX2000	台	2	
12	CO_2 测试仪	CEA-700	台	2	
13	SO_2 测试仪	TX2000	台	2	
14	H_2S 测试仪	TX2000	台	2	

温湿计	红外温度计	风速仪	声级计	粉尘仪
O_2 测试仪	CO 测试仪	CO_2 测试仪	NO_2、SO_2 测试仪	H_2S 测试仪

图7-34 通风检测仪器设备

5. 关于隧道施工通风的建议

当今社会分工渐趋细化的趋势下，我集团公司作为国内地下工程施工领域的国家队及领军企业，在隧道施工各工序倡导专业化、标准化施工理念的指导下，在隧道施工通风方面也应从通风机构设置、通风技术管理、通风管路管理多方面着手，引入施工通风专业队伍或加强施工通风班组的专业化建设，切实提高隧道施工通风现场各项管理水平。

1）管理机构设置及人员编制

技术人员、通风工人和监测人员需要进行专业化配置。技术、人员、设备、材料需要进行统一管理。同时，机构和人员要以满足通风需要为原则。

所有工人都必须先进行培训，考试合格后方可上岗。风管安拆、作业环境监测、风机司机几个岗位的作业工人应采取三班轮换作业，洞内交接班制度。同时可根据现场情况设置常白班风管修补、不定期风机维修等相应岗位。

2）通风技术管理

通风技术管理需从通风方案的设计及实施、通风方案的局部调整、不同通风阶段间的过渡方案设计及实施、通风系统测试与评价、洞内作业环境评价等多方面抓起，通过过程专业化管理，方可达到理想的现场通风效果。

3）通风管路管理

随着隧道作业面的向前推进，需要不断地安装风管延伸通风管路，并使管路出风口紧跟作业面。另外，由于工作面的转移或停止，已安装的通风管路也需要进行转移或拆除。现场实施中通常需要注意如下7个方面的工作：

（1）风管安装位置的合理确定、管路出风口到工作面合理距离的计算确定、管路出风口风流射程有效加长等。

（2）确保风管连接方向正确，内衬里朝向风流方向，外封反边翻好到位等。

（3）管路安装需要吊挂牢固，并需做到管路平直、顺畅、转弯自然。

（4）通风管路接长过程中，力求做到新风管放置在管路中间段，末端配置较为破旧的风管并紧跟开挖掌子面前移。

（5）管路易遭破损地段宜采用短节风管，洞内破损风管及时进行洞外修补备用等。

（6）风管安装需尽量避开掌子面需要供风时间段，爆破作业时对管路进行停风保护等。

（7）注意做好通风管路附近出露锚杆端头割除或包裹处理、管路高度影响洞内机械走行地段以及检底或欠挖剥皮地段的相应保护措施处理等。

4）通风机管理

施工通风中通风的管理主要表现在风机的安装及移动、通风机的运行管理、风机的维修几个方面。通风机安装位置确定、通风系统阶段转换时风机的及时移位、风机启停时间管理、风机逐级启动及运转状况观察记录管理、风机的日常运转维护等，既是确保风机工况正常及洞内通风效果良好的保证，也是有效避免施工通风安全事故的有效措施。

第四节　大型机械化配套

（一）机械化配套方案的提出

1. 项目总工期36个月，项目成败的关键首先就是工期，如不采用机械化配套方案则合同工期难以保证。

2. 本隧道处于高地应力区，且大部分为花岗岩，存在岩爆施工风险，采用机械化配套可有效降低施工风险。

3. 基于成本考虑和业主对人员控制的要求（1200人），采用机械化配套方案可明显减少作业人员。

4. 机械化配套是目前隧道施工的发展方向，同时作为集团公司首个真正意义的海外项目，通过机械化配套可充分展示企业实力、提升企业形象。

（二）总体施工方案

全隧采用钻爆法开挖，光面爆破控制成型。

1. 斜井和主洞

采用凿岩台车开挖，装载机配合自卸车无轨运输，机械手喷射混凝土支护，主洞仰拱栈桥铺底，模板台车衬砌。

2. 安全洞

进出口段采用人工开挖，挖装机装碴，电瓶车牵引梭矿有轨运输。

斜井（1号、2号、3号）施工段采用人工开挖，挖装机装碴，自卸汽车无轨运输。

（三）开挖作业

主隧道主攻面采用全液压凿岩台车进行钻孔。基于订货周期、关键线路等考虑，本项目确定采用5台凿岩台车进行开挖，1号斜井、2号斜井、3号斜井之间是关键线路，采用三臂凿岩台车，进、出口主隧道不在关键线路上，采用效率较低的二臂凿岩台车。如图7-35～图7-38所示。

本隧道为单线铁路隧道，断面小，凿岩台车选型应充分考虑台车作业的适用性，特别是考虑减少台车推进梁外插角造成的隧道超挖，经充分论证选用14英尺的推进梁（钻孔深度4.05m）。

图7-35 三臂凿岩台车作业

图7-36 湿喷机械手作业

图7-37 挖装机

图7-38 有轨运输

（四）装运作业

采用4t装载机虽然能保证装载机和自卸车在平行装碴时更灵活，但其装碴效率较低，根据现场测算5t装载机装一车碴需4min，4t装载机装一车碴需要6min，4t装载机的工作效率比5t装载机低30%左右，主隧道开挖宽度（6.1m）能保证装载机和自卸车平行作业，因此主隧道装运作业采用5t侧卸式装载机（斗容量2.3m³）装碴，25t自卸车运输。

安全隧道受断面净空限制采用高效挖装机装碴（装碴能力为3～5m³/min）。进出口考虑到独头掘进距离达3km以上，需实现巷道式通风，同时进出口场地具备有轨运输快速施工条件，因此采用25m³梭式矿车进行有轨运输；斜井安全洞采用25t自卸车无轨运输。

（五）支护作业

隧道立拱利用作业台架人工进行拱架安装；安全隧道有轨运输作业面受运输限制采用潮喷机人工喷射混凝土；安全隧道无轨运输作业面、斜井、主隧道采用湿喷机械手喷射混凝土。

混凝土衬砌作业采用全自动集成混凝土搅拌站（90m³/h）生产混凝土，混凝土输送车（8m³）运输，混凝土输送泵（60m³/h）泵送入模板台车（主隧道12m、安全隧道9m）。

混凝土输送车的选用既要考虑罐容量，又要考虑车辆在洞内调头的可行性，经比选后选择容量为8m³的混凝土罐车，见表7-14。

设备配置表　　　　　　　　　　　　表7-14

作业工序	设备名称	规格	数量	备注
开挖作业线	三臂凿岩台车	DT1130	3台	斜井及到井底后主隧道用。每个斜井1台
	二臂凿岩台车	DT820	2台	进、出口主洞各1台
	开挖台架		8台	安全隧道每个面1台
	手持风钻	YT28	96台	每个安全隧道作业面配置12台
	电动空压机	20m³/min	24台	每个安全隧道作业面配置3台
装碴运输作业	挖装机	300m³/h～500m³/h	6台	安全隧道装碴。2号斜井到底后从进、出口调剂
	电瓶车	20t	10辆	进、出口安全隧道
	梭矿	25m³	12辆	进、出口安全隧道
	装载机	2.3m³	18台	主隧道装碴
	自卸车	25t	50台	主隧道运碴
	挖掘机	14t加长臂	10台	每个工区2台
支护作业线	湿喷机械手	30m³/h	7台	其中1号、3号各2台，进、出口各1台
	混凝土输送车	8m³	22台	—
	混凝土自动搅拌站	90m³/h	5台	—
	简易仰拱栈桥	有效工作长度12m	19套	—
	防水板铺设台架	—	7台	—
	模板台车	长12m	7台	主隧道
	模板台车	长9m	4台	安全隧道
	混凝土输送泵	60m³/h	8台	—
	养护作业台架	—	8台	—

（六）工效分析

1. 三臂与二臂台车施工正洞工效对比分析

见表7-15。

三臂与二臂台车施工正洞工效对比表 表7-15

台车类型	掌子面	台车打钻单工序时间（min）		
		最长时间	最短时间	平均值
三臂台车	1号斜井主洞	175	95	135
两臂台车	进口主洞	253	120	178
	出口主洞	297	126	181

从表7-15可看出三臂台车工效明显高于二臂台车，三臂台车钻孔平均用时135min，二臂台车钻孔平均用时180min，工序循环时间平均节约45min。

2. 安全洞人工钻孔与用2臂台车的对比分析

见表7-16。

安全洞人工钻孔与用2臂台车的对比表 表7-16

钻孔类型	单工序时间（min）		
	最长时间	最短时间	平均值
台车打眼	185	135	160
人工打眼	170	85	127.5

从表7-16可看出安全洞采用人工钻孔要快于台车钻孔，工序循环时间节约32.5min。但考虑岩爆风险及成本因素，进口与1号斜井贯通后及时将进口主洞二臂台车调整至1号斜井安全洞。

3. 机械手湿喷与人工干喷的对比分析

见表7-17。

机械手湿喷与人工干喷对比表 表7-17

喷射类型	掌子面	喷浆单工序时间（min）		
		最长时间	最短时间	平均值
湿喷	1号斜井安全洞	135	55	80
	3号斜井安全洞	97	43	65.7
干喷	进口安全洞	301	85	193
	出口安全洞	243	60	145

从表7-17看出采用机械手湿喷比采用人工干喷工序循环时间平均节约96min，机械手湿喷效率明显高于人工干喷。

4. 安全洞有轨与无轨的对比分析

见表7-18。

安全洞有轨与无轨的对比表

表7-18

施工工区	运输方式	平均月进度（m）	最高月进度（m）
进口安全洞	有轨	177.2	257.5
出口安全洞	有轨	210.6	281.5
总平均		193.9	—
1号斜井安全洞进口方向	无轨	135.6	212.2
1号斜井安全洞出口方向	无轨	188.3	265.8
3号斜井安全洞进口方向	无轨	146.0	197.9
3号斜井安全洞出口方向	无轨	142.9	207
总平均		153.2	—

根据月进度指标的统计，采用有轨运输的月进度最高指标为281.5m，采用无轨运输的月进度最高指标为265.8m；采用有轨运输的平均月进度指标为193.9m，采用无轨运输的平均月进度指标为153.2m，有轨运输略高于无轨运输。

（七）关键保障措施

1. 设备动态调整

1）根据开挖面贯通的先后顺序，充分利用现有设备，动态进行设备的调转补充，发挥设备资源效益最大化。进口与1号斜井安全洞贯通后及时将梭矿、电瓶车、通风机向出口进行调转；进口与1号斜井主洞贯通后及时将自卸车、湿喷机械手向2号斜井进行调转。

2）区分关键线路及非关键线路，确保关键线路设备配置及时到位。2号斜井施工及到达井底后正洞和安全洞的施工均为控制工期的关键线路，为确保进入井底后正洞开挖设备的及时到位，项目部决定待2号斜井进入井底正洞开挖面具备正常施工条件时适时停止位于非关键线路上的出口正洞掌子面开挖，将出口正洞2臂台车调入2号斜井，原出口与3号斜井之间正洞（截至2015年8月20日剩余539m）由3号斜井单作业面进行掘进。

2. 重视设备维保

1）制定《乌兹别克斯坦铁路项目部设备管理办法》《乌兹别克斯坦铁路项目部大

型设备强制保养通知》明确设备保养职责、程序、检查、监督等工作。同时将关键设备保养列入分部、工区的月度考核内容，每月对关键设备的保养情况进行检查、评比、打分。

2）各工区成立关键设备专门保养班组，执行每班保养、周保养、月保养和季度保养制度。

3）采取多种方式要求厂家现场指导和提供技术服务，确保设备故障能在最短时间得到排除。

4）执行大型设备日报制度，统计当天发生的设备故障影响施工时间、设备保养执行情况及配件备用情况。

5）加强设备保养检查工作，工区每天对设备保养进行检查、项目部每周进行设备保养巡查，及时纠正保养不到位情况。

6）实现资源共享，包括配件资源、厂家技术服务资源、当地材料配件资源和维修技术人员等。

3. 确保电力供应

1）加强与业主的沟通，尽量减少停电次数，改造提高电网的供电质量。

2）按照停电情况下确保关键线路作业面正常掘进（包括通风和排水的正常保障）原则配足自发电设备。

3）根据优化后的施工方案动态调整供电方案，将原2号、3号斜井及出口共用一趟供电线路调整为2号斜井单独设置一趟线路，3号斜井和出口共用一趟供电线路。

4. 加强施工通风

1）由技术中心提供专业支持编制专项通风方案并定期到现场对方案进行动态优化。

2）设置专业班组，加强通风日常管理维护工作。

3）施工组织充分考虑尽早实现进口与1号斜井、出口与3号斜井的安全洞贯通，以尽快实现巷道式通风，从根本上改变1号及3号斜井通风效果，见图7-39、图7-40。

图7-39　出口安全洞通风管挂设　　　　　图7-40　2号斜井通风管挂设

第五节　施工方案的动态优化

（一）斜井安全洞有轨运输改无轨运输

考虑到净空、通风及运输效率等因素，最初的方案为进出口及1号、3号斜井安全洞采用有轨运输，通过安全洞充分超前（至少400m）增开正洞工作面，2号斜井安全洞作为增援（计划施工约900m）采用小型装运设备实施无轨运输。

将斜井安全洞有轨运输改为无轨运输主要考虑以下因素：

1. 从2013年9月5号开始进洞，根据2013年10至2014年1月期间进、出口的进度统计，安全洞不具备充分超前主洞的条件，通过安全洞增开正洞开挖面的前提条件不具备。

2. 经现场实际测试挖装机配25t北奔自卸车净空满足要求，采用无轨运输方案可行。

3. 斜井安全洞采用有轨运输需在井底建立庞大复杂的井底车场系统（包括立体转载、调车、维修间、充电房等），施工难度较大，工期时间长（至少需要2个月）。

4. 采用无轨运输比有轨运输节省费用近2500多万元。

（二）增设支洞

按照原实施工组织设计，1、2号斜井间主洞（5010m）为全线的关键线路，2、3号斜井之间主洞（3930m）为次关键线路。

截止2015年3月21日，2号斜井因受F7断层（长592.5m）及岩爆（2014年2月开始出现）持续影响，滞后施工组织计划60d，3号斜井2014年10月23日进入正洞后受岩性接触带影响（基本为Ⅳ、Ⅴ级围岩）滞后施工组织计划80d，1、2号斜井间主洞剩余3605m，2、3号斜井间主洞剩余3618m，2、3号斜井间主洞长度已超过1、2号斜井间主洞长度，成为控制工期的关键线路。

受地形影响，2号斜井井身基本平行正洞设置（图7-41）。2号斜井施工中遭遇长

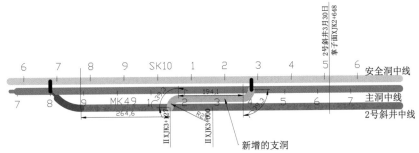

图7-41　2号斜井增设支洞平面示意图

593m的F7断层及其影响带，围岩破碎、地下水发育。考虑到2、3号斜井间正洞也要通过F7断层，通过2号斜井向3号斜井方向增设支洞可有效减少两斜井间正洞长度，降低2、3号斜井之间通过F7断层的风险。经计算比选，决定设置272m长的支洞，可使2、3号斜井间长度缩短600m，工期缩短约3个月。

第六节 冬期施工

（一）办公生活区

1. 每个工区办公生活区配置一台水暖锅炉，职工宿舍、办公室、会议室、澡堂、食堂等全部采用散热器集中供暖，同时在澡堂内配置电热水箱1个，24h提供热水。另外为防止突然停电导致无热水问题，生活区澡堂内另配备一台热水锅炉，以确保员工下班后能正常洗漱。

2. 每个工区均应设置蓄水池，蓄水池的深度应不小于3m，同时在水泥盖板的下方用保温材料设置保温层。

3. 供水管路埋入地下部分埋置深度不得小于1m，外露部分须用保温材料包裹。

4. 为避免风雪进屋，集装箱门上安设彩钢瓦挡雨棚，鉴于房门均外开，在门内挂设棉帘。

5. 为方便雨雪天气衣服的晾晒，每个工区应设置1个烤衣间，内设烤衣铁架、电暖气或油汀等设施。

（二）生产区

1. 混凝土拌合站

1）混凝土拌合站房屋全部采用带保温层的彩钢板结构，车辆进出口处设棉布帘封闭。

2）每个拌合站配置1台常压锅炉进行供暖和热水供应，暖棚内温度应不低于10℃。

3）冬期施工时，拌合站利用供暖锅炉烧热水，并配备专用热水器一台，以确保拌合站混凝土搅拌24h连续不断有热水使用，保证混凝土生产用热水需要。

2. 料棚

1）料棚的搭建应考虑砂石料、袋装水泥、外加剂等材料的堆放。

2）料棚采用钢管棚架结构，外层采用彩钢板结构围挡封闭，内侧挂设一层厚棉布增强保暖效果，并通过棚架保温结构与拌合站进料口全封闭相连。

3）与拌合站共用锅炉实现集中供暖或采用火炉补充供暖。

3. 钢筋加工棚及机修棚

为了保证冬季钢筋加工和机修工人的正常工作和钢加工件的焊接质量，各工区应专门设置钢筋加工棚及机修棚，内部采用棚架结构，车辆出入口处设置棉布帘，形成一个全封闭保暖结构，棚内应配置供暖设施。

（三）洞内施工用水

洞顶高压水池应采用盖板封闭覆盖，并在盖板下方设置保温层。作为备用方案，高压水池应安装适量的加热管，在水温较低时启用，保证洞内施工用水的正常使用。斜井施工在高差满足要求时应及时将高压水池移至洞内。供水管路应采用保温材料裹覆，埋入地下部分埋置深度应不小于1m。洞口段不少于50m范围内高压水管均采用保温材料包裹，防止管内结冰。

（四）冬期混凝土施工

1. 原材料

1）粉料：选用普通硅酸盐水泥配制混凝土，且宜对袋装水泥进行暖棚加热。散装水泥及粉煤灰等可不加热。

2）骨料：粗、细骨料必须置于防雨雪的棚里，保证骨料清洁，不得混有冰雪、冻块及易被冻裂的矿物质。粗、细骨料拌合前必须置于暖棚内或对储料棚升温加热，棚内采用锅炉供暖升温，温度不低于5℃。河砂不得结冰。骨料保温棚不得有任何漏洞或漏缝，若存在立即修补，进出口除应关闭推拉门外，内侧仍需挂防寒门帘保温。

3）水：必须采用已检验合格的拌合用水，采取拌合用水加热的方法保证混凝土的温度，水的加热温度不宜高于80℃，且必须经热工计算水可加热的最低温度。拌合楼水管均应包裹保温。若水加热效率无法满足时，可采用煤炉与电热丝双重加热或将水仓容积改小以提高水的加热温度。

4）外加剂：外加剂进场后必须立即卸车，严禁受冻，并不得随处随意放置，必须置5℃以上温度的暖棚内，防止外加剂受冻失效，拌合楼下的外加剂罐须加电热丝外包保温材料保温。若进场外加剂存在结冰现象应退货处理，并督促供应商在外加剂运输过程中采取措施保温，并严禁在运输过程中停留，以防结冰。

2. 混凝土生产

1）冬期混凝土施工应专门进行配合比选定试验，混凝土宜选用较小的水胶比和较小的坍落度。

2）搅拌机棚内应有暖气或热风机等加温设备，使内部温度不低于10℃，搅拌楼内温度低于10℃时严禁开盘，搅拌开盘前及结束后使用拌合热水冲洗鼓筒。

3）存在结冰可能的水管、外加剂管道等须用电热丝和保温棉包裹，保证液体材料正常计量。

4）改变投料顺序，由原骨料→粉料→水和外加剂的顺序改为骨料→水→粉料和外加剂，因外加剂高温会分解失效，故外加剂严禁加入拌合热水中或与水同时计量，可设置电脑计量程序或将外加剂计量装置出口管道引离水计量装置。

5）搅拌时间在原基础上延长50%左右，以确保温度传递均匀，保证混凝土测试的准确性。

3. 混凝土运输

1）罐车接料过程中必须使接料区全封闭保温，运输罐车须用保温棉保温，不得直接使用土工布或单层无填保温棉绿帆布包裹，合理布置运输时间，冷环境运输时间尽可能缩短，罐车不得在室外环境等待。

2）中间过程不得倒运。

3）合理安排洞内交通，罐车停留等待宜在较高温的隧道内。

4）进尺短的隧道洞门必须做保温封闭，预留通风和车辆进出口，并设置车辆进出口门帘，并合理进行通风。

4. 混凝土浇筑及养护

1）混凝土浇筑前，要清除模板及钢筋上的冰雪和污垢。混凝土入模前，采用专用的设备测定混凝土的温度、坍落度、含气量及泌水率等工作性能，浇筑面温度不得低于2℃，保证混凝土的入模及入孔温度不得低于5℃；开始养护时的温度不得低于5℃，细薄截面结构不得低于10℃。

2）养护过程中仍须测养护温度，达不到5℃时应采取加热措施养护。

3）混凝土浇筑采取分层连续浇筑，分层厚度不得小于20cm，并尽量缩短每层浇注的分段长度，减少混凝土的散热面并及时封闭保温。

4）控制混凝土拆模时间，冬期施工混凝土温度较低，初、终凝时间较平时有所延长，各分部制作脱模强度试件作脱模时间参考，拆除模板时，混凝土的环境温差不得大于15℃。混凝土强度达强度等级40%前不得受冻，浸水混凝土强度达强度等级75%前不得受冻，砂浆强度达强度等级70%前不得受冻。

（五）温度测试及热工计算

1. 每工班进行至少4次混凝土原材料温度及环境温度、运输时间等测试（具体包括：水泥、粉煤灰、粗细骨料、外加剂、水、搅拌机棚、室外气温的测试，并估算运输时间），并根据理论配合比及骨料含水率情况计算施工配合比，根据热力学公式计算混凝土搅拌、出机、浇筑温度，并合理计算出水需要加热的温度，无法满足目标温度值时严禁开盘，采取措施完善后方可开盘。

2. 热工计算方法：

$$拌合温度 T_0 = \begin{bmatrix} 0.92(m_{ce}T_{ce}+m_{sa}T_{sa}+m_gT_g)+4.2T_w(m_w-w_{sa}m_{sa}-w_gm_g) \\ +c_1(w_{sa}m_{sa}T_{sa}+w_gm_gT_g)-c_2(w_{sa}m_{sa}+w_gm_g) \end{bmatrix} \div [4.2m_w+0.9(m_{ce}+m_{sa}+m_g)] \tag{7-4}$$

$$出机温度 T_1 = T_0 - 0.16(T_0-T_i) \tag{7-5}$$

$$入模温度 T_2 = T_1 - (\alpha t_1 + 0.032n)(T_1-T_a) \tag{7-6}$$

式中各符号意义见表7-19。

各符号意义　　　　　　　　　　　　　　　　表7-19

T_0	混凝土拌合温度（℃）	T_1	混凝土拌合物出机温度（℃）	
m_w	水用量（kg）	T_i	搅拌机棚内温度（℃）	
m_{ce}	水泥用量（kg）	T_2	混凝土拌合物运输到浇筑时的温度（℃）	
m_{sa}	砂子用量（kg）	t_1	混凝土拌合物自运输到浇筑时的时间（h）	
m_g	石子用量（kg）	n	混凝土拌合物运转次数	
T_w	水的温度（℃）	T_a	混凝土拌合物运输时环境温度（℃）	
T_{ce}	水泥的温度（℃）		温度损失系数（1/h）	
T_{sa}	砂子的温度（℃）		混凝土搅拌车运输	0.25
T_g	石子的温度（℃）	α 温度损失系数（h）	开敞式大型自卸汽车	0.2
w_{sa}	砂子的含水率（%）		开敞式小型自卸汽车	0.3
w_g	石子的含水率（%）		封闭式自卸汽车	0.1
C_1	水的比热容（kJ/kg·K）		手推车	0.5
C_2	冰的溶解热（kJ/kg）	注：0.92、4.2分别为混凝土固、液体原材料的比热容		

3. 温度卡死制度：混凝土出机温度不小于10℃，入模温度不小于5℃，养护温度不小于5℃，薄壁结构养护温度不小于10℃。

4. 对拌合、浇筑、养护温度进行每工班不少于4次实测，完成混凝土冬期施工热工计算表格。

（六）试验过程控制

1. 原材料按规定频率送检。

2. 按规定每循环进行坍落度、含气量及温度测试。

3. 每工班进行热工计算，计算混凝土拌合、出机、入模温度，指导拌合站的生产。

4. 制作标准养护试件的于现场制作同条件试件进行脱模强度试验。

5. 隧道衬砌每200m，底板及仰拱每500m进行一次同条件养护试验，测累计温度达1200℃时的强度。

（七）钢筋加工

1. 在负温条件下使用的钢筋，施工时加强检验，钢筋在运输和加工过程中防止撞击和刻痕。

2. 钢筋冷弯温度不宜低于–20℃，当温度低于–20℃时，不得对钢筋进行冷弯作业。

3. 钢筋焊接应在钢筋加工棚进行，当必须在室外焊接时，其温度不宜低于–20℃且应有防雪挡风措施，焊接后的接头严禁立即触及冰雪。

4. 在负温下冷拉的钢筋，应逐根进行外观质量检查，其表面不得有裂纹和局部颈缩；冷拉设备、仪表和液压工作系统油液应根据环境温度选用，并应在使用温度条件下进行配套校验。

（八）冬期施工保证措施

1. 经常组织有关人员对冬季防寒措施的落实情况进行检查，保证措施到位。

2. 进入冬季前，应储备足够的砂石料及各项主材，防止冬季雪大封路后，出现材料短缺，影响正常施工。

3. 储备必要数量的取暖用煤，防止供暖煤炭缺乏，影响正常施工生产和办公取暖。

4. 在洞内，拌合站棚、砂石料棚内安装温度计，并安排专人记录温度。根据温度情况调整各种取暖设备的开停时间，确保冬期施工中各处的温度达到相关要求。

5. 冬季各施工机械要保证能顺利启动，晚上必须停放到暖棚里或洞内，柴油标号、机油–防冻液、变压器油都要考虑到零下40℃（实际最低温度可达零下30℃）的环境温度。

第八章　成果及经验交流

Chapter 8　Exchange of Results and Experience

第一节　地质风险与控制

（一）风险分析

1. 岩爆频发，安全风险极高

隧址区地质复杂，最大埋深1275m，埋深超过700m的地段总长达7km。自2014年2月初开始，隧道施工中频繁出现不同程度的岩爆现象，仅中等强度以上的岩爆就达3000多次，如图8-1所示。现场统计结果（图8-2）表明：主隧道、安全隧道、斜井岩爆区段长度分别占总开挖长度的67%、85%和55%。岩爆作为"世界性难题"，严重制约了施工进度，带来了巨大的安全风险。

图8-1　岩爆现场图

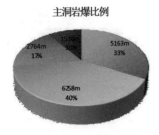

图 8-2　不同等级岩爆比例饼状图

2. 七条超长断层，施工技术难度大

隧址区共穿越7条断层，其中2号斜井井身施工穿越F7断层长达592m，围岩破碎，地下水发育，支护结构多次发生变形开裂，如图8-3所示。

图 8-3　2号斜井穿越F7断层现场带水作业

（二）控制对策

1. 实施岩爆科研攻关

针对隧道岩爆频发的特点，联合福州大学和中铁隧道局集团技术中心成立"乌兹

别克斯坦安格连－帕普铁路隧道岩爆预测及防治技术"课题攻关小组，开展岩爆科研攻关。通过掌子面地质实时观察和电磁辐射仪参数测试，研发了综合岩爆预测技术，并通过采用主动防治岩爆的超前支护技术、应力释放重叠导洞法、水平应力隔断法、岩爆段安全快速施工技术等技术方法，有效降低了岩爆施工安全风险。

1）首创"岩体结构分析和电磁辐射监测相结合的岩爆预测方法"

通过对卡姆奇克隧道岩爆发生情况的归纳和统计分析，得出了本隧道岩爆发生的基本规律，岩爆与隧道埋深的关系，岩爆发生段的岩性、围岩级别及岩体结构条件。在岩爆发生规律统计分析的基础上，结合隧址区的区域地质条件对岩爆的形成机制、岩爆模式、埋深对岩爆影响等进行了分析。在岩爆过程深入观察、分析的基础上，建立了本隧道出现最多的层状岩体岩爆的力学模型，运用弹性力学原理，推导出了该型岩爆层状岩体脆断失稳临界应力的计算公式。在此基础上，对影响岩爆的主要因素、岩爆过程等进行了力学分析。

通过岩爆岩样加载－破坏过程中电磁辐射能量、脉冲的同步测试，得出岩爆岩样加载－破坏与电磁辐射能量、脉冲的相关关系。在此基础上，结合岩爆电磁辐射现场监测结果，对岩爆电磁辐射监测的可行性进行了分析，并将岩爆电磁辐射监测技术与卡姆奇克隧道岩爆发生规律的研究成果相结合，首创了岩体结构分析与电磁辐射监测相结合的岩爆综合预测方法。该方法已获国家发明专利。

该方法综合考虑了岩爆发生的岩性、岩体结构、受载程度等主要因素和岩爆孕育过程中岩体微破裂和能量释放，提高了预报准确性，实践证明是施工期间岩爆预测的可行方法。与现有的岩爆预测技术相比，该方法具有以下优势：

（1）与现有的通过地应力测试、岩石力学试验和数值计算进行岩爆预测的方法相比，本方法由于无需进行大量的地应力测试和数值计算，因此，具有成本低、易于现场施工技术人员掌握和普遍运用的优点。

（2）与声发射、微震监测相比，电磁辐射监测不受施工振动、噪声的影响；无需埋设测试元器件，采用非接触式量测，测试成本低；采用便携式监测仪器在现场打眼结束后与炮眼装药同步进行，无需占用施工作业时间；在炮眼装药时进行测试，掌子面附近除照明用电外，无其他电力机具，测试干扰少。

（3）声发射、微震、电磁辐射监测均存在多解性；岩体结构分析与电磁辐射监测相结合的方法，综合考虑了岩爆发生的岩性、岩体结构等主要因素和岩爆孕育过程中岩体微破裂和能量释放，提高了预报准确性。

相关数据及图片见表8-1～表8-3及图8-4～图8-19。

卡姆奇克隧道岩爆主要特征表 表8-1

岩爆烈度	发生时间	持续时间	出现地段	爆落岩块大小	爆坑大小
轻微	爆破后即出现	单次持续约 2min 以内，过程持续时间大多 2~4h。少量地段最长持续 1~2d	通常情况下出现在掌子面后方 0~5m，少量地段 0~9m 范围内	以 5~10cm 岩块居多，岩块厚度小于 10cm	爆坑深数厘米至二十几厘米，形状不规则
中等	爆破后即出现	单次持续 5~10min，过程持续时间大多情况下 10~12h，个别地段最长持续 4d	通常情况下出现在掌子面后方 0~8m，个别地段 0~30m 范围内	岩块厚度 15cm 左右，大块岩块单边长度小于 1m	爆坑深 50~60cm，长宽可达 2~3m，片状分布
强烈	爆破后即出现	单次持续 10~30min，过程持续 12h 左右	通常情况下出现在掌子面后 0~10m 范围内	岩块厚度 30cm 左右，大块岩块单边长度大于 1m	爆坑深达 1m 左右，长宽可达 2~3m，连片分布

图8-4 轻微岩爆典型照片

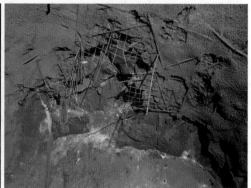

图8-5 中等岩爆典型照片

岩爆发生段结构面产状特点

表8-2

序号	结构面组数	岩爆强度	岩爆发生的结构面产状
1	1组	轻微	结构面走向大多与隧道纵向呈 50°~90°的夹角；结构面倾角大多大于 70°
2	2组	轻微	2 组结构面中至少有 1 组结构面的走向与隧道纵向的夹角小于 10° 或大于 65°（即，至少有 1 组结构面走向与隧道纵向或横向接近平行）；至少有 1 组结构面的倾角大于 70°
		中等	1 组结构面的走向与隧道纵向的夹角大于 65°，另 1 组结构面的走向与隧道纵向的夹角小于 10°（即，1 组结构面走向与隧道纵向接近平行，另 1 组结构面走向与隧道横向接近平行）；至少有 1 组结构面的倾角大于 70°
		强烈	1 组结构面的走向与隧道纵向的夹角大于 65°，另 1 组结构面的走向与隧道纵向的夹角小于 10°（即，1 组结构面走向与隧道纵向接近平行，另 1 组结构面走向与隧道横向接近平行）；1 组结构面倾角大于 80°，另 1 组结构面倾角小于 40°

图8-6　强烈岩爆典型照片

图8-7　拱顶完整岩体薄片状弹射型岩爆

图8-8　拱顶层状岩层折断崩落型岩爆

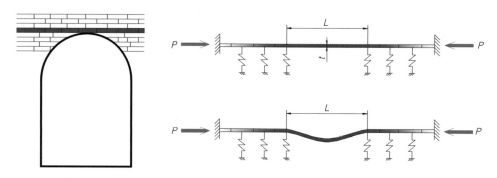

图8-9　拱顶层状岩层折断的力学机制

图8-10　边墙竖向板状岩体折断崩出型岩爆

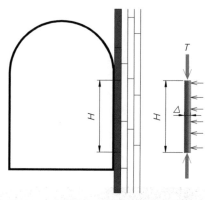

图8-11　边墙直立层状岩层折断的力学机制

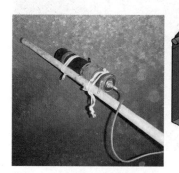

图8-12　电磁辐射和超低频天线布置示意图

图8-13　电磁辐射现场监测照片

各级岩爆电磁辐射监测预警值　　　　　　　　　　表8-3

隧道	主要指标	轻微岩爆	中等岩爆	强烈岩爆	备注
主隧道	能量最大值（J）	2000 ~ 5000	5000 ~ 20000	> 20000	强度最大值一般为30 ~ 40mV；超过70mV发生岩爆的可能性很大
	脉冲数（次）	3000 ~ 5000	5000 ~ 10000	> 10000	
安全隧道	能量最大值（J）	4000 ~ 10000	> 10000		
	脉冲数（次）	5000 ~ 10000	> 10000		

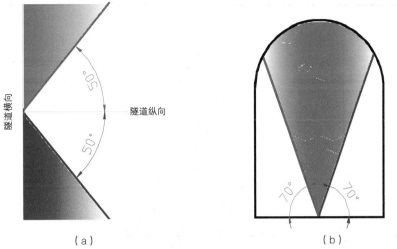

（a） （b）

图8-14 一组结构面条件下岩爆发生段结构面走向及倾角范围示意图（轻微岩爆）
（a）结构面走向范围平面示意图；（b）结构面倾角范围示意图

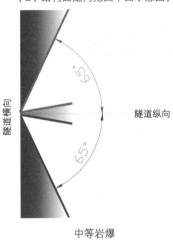

中等岩爆

图8-15 二组结构面的走向范围示意图

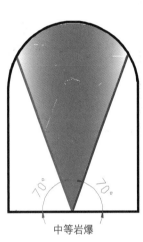

中等岩爆

图8-16 至少一组结构面的倾角
范围示意图

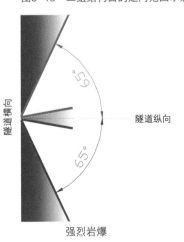

强烈岩爆

图8-17 二组结构面的走向范围示意图

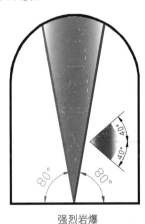

强烈岩爆

图8-18 二组结构面的倾角范围示意图

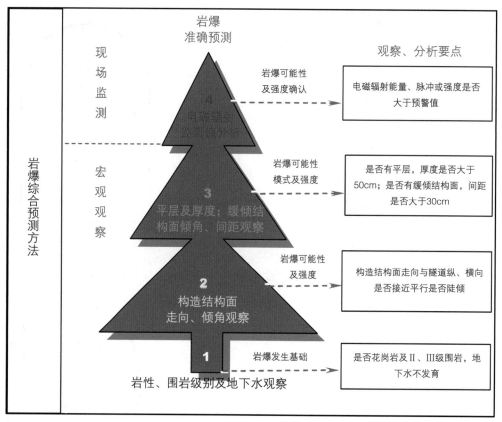

图8-19 卡姆奇克隧道岩爆综合预报实施流程

2）首创"超前小导管主动控制岩爆技术"

针对本隧道出现最多的层状薄板脆断失稳岩爆的力学模型及其临界应力的计算可得出：岩板脆断失稳的临界应力 σ_{cr} 随岩板厚度 t、泊松比 γ 的增加而提高；随岩板无支承段长度 L 的增大急剧下降。因此，减小岩板无支承段长度 L，可大幅提高岩板的脆断临界失稳应力 σ_{cr}。从力学上分析，减小岩板无支承段长度 L 是减弱和控制岩爆最有效的措施。基于此，首创了主动控制岩爆的超前小导管技术：在卡姆奇克隧道最易出现岩爆的拱腰－拱顶段施作超前小导管，相当于给拱腰－拱顶段无支承岩板提供了支点，减小了无支承段长度，从而提高岩板的脆断临界失稳应力 σ_{cr}，防止或减弱岩爆。

超前小导管主动控制岩爆的机理：一是为拱腰－拱顶段临空的无支承岩板提供支点，减少岩板无支承段长度；二是将薄层岩板"串"在一起，提高岩板厚度。在两方面的共同作用下，提高岩板脆性折断的临界失稳应力，从而防止或减弱岩爆。该方法已获国家发明专利。如图8-20～图8-22所示。

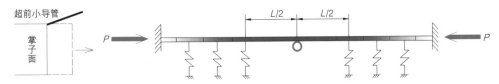

图8-20　超前小导管主动控制岩爆的作用意图

图8-21　超前小导管施工照片

图8-22　超前小导管现场施作后照片

3）首创"应力释放重叠导洞法"

在进行超前应力释放时，首次选用了应力释放重叠导洞法。在隧道断面出现岩爆的部位，采用深孔掏槽的方法交替设置A、B两个超前小断面导洞，A、B两个超前小导洞部分重叠，重叠不小于2m，导洞断面大小约为2~3m²，导洞深度均不小于6m。交替设置两个导洞，可以连续不间断地进行超前应力释放，杜绝了单一导洞应力释放时，导洞形成后需先放置一段时间进行应力释放的不足，节省了时间，加快了工程进度。现场试验及监测结果表明：采用重叠导洞法，施作应力释放孔后，应力释放孔周边应力有所降低，周边围岩破裂程度减弱，重叠导洞法超前应力释放对控制岩爆有一定效果。该方法已获国家发明专利。如图8-23~图8-25所示。

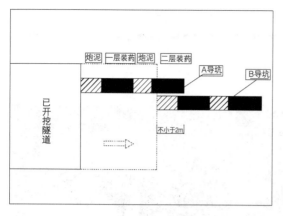

图8-23 重叠导洞布设示意图

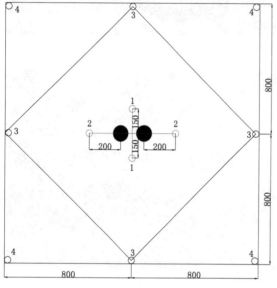

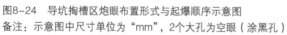

图8-24 导坑掏槽区炮眼布置形式与起爆顺序示意图
备注：示意图中尺寸单位为"mm"，2个大孔为空眼（涂黑孔）

图8-25 导洞施工照片

4）创新"水平应力隔断法"

　　通过在开挖轮廓线外钻孔进行深孔爆破，在距离开挖轮廓线0.5m外形成一定宽度的裂隙带，进行应力释放，以减少岩爆的危害。具体做法为：在隧道左侧拱顶－拱腰开挖轮廓线上布置4个钻孔，钻孔直径为ϕ50mm或ϕ42mm钻孔，钻孔间距为1.0m，深度不小于4m，装药爆破形成爆破破碎区进行应力场隔断。理论分析及现场试验监测结果均表明：该方法可有效降低隧道拱部围岩切向应力，对于预防或减弱岩爆的发生有明显效果。如图8-26、图8-27所示。

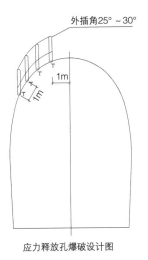
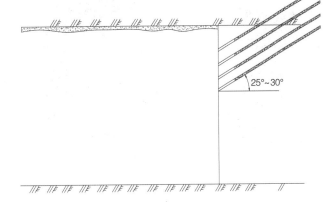

外插角25°~30°

1m

1m

1m

25°~30°

应力释放孔爆破设计图

图8-26　水平地应力隔断现场施工示意图

5）创新并丰富了"岩爆段安全快速施工技术"

运用岩体结构分析和电磁辐射监测相结合的方法进行岩爆预测，对可能发生岩爆的部位，采用凿岩台车施作超前小导管，提前、主动控制岩爆，提高岩爆段安全性和施工工效。岩爆段快速施工的流程为：工作面地质观察→岩爆监测→岩爆

图8-27　水平地应力隔断现场施工照片

综合判识→根据不同的岩爆等级制定相应的工程对策→技术交底→现场施工。

岩爆段快速施工采取"一判、二测、三防护"的3步工作法。"一判"指通过掌子面地质观察，对工作面前方岩爆发生的可能性、岩爆的部位及岩爆等级进行初步预判。"二测"指采用便携式电磁辐射监测仪对"一判"可能出现岩爆的部位进行电磁辐射监测，根据监测结果对工作面前方岩爆进行较准确地预测。"三防护"指根据岩爆预测结果采取超前小导管等针对性防护措施，提前控制岩爆。

该岩爆安全快速施工技术已在项目现场广泛应用，取得良好的应用效果。

2. 将超前地质预报纳入工序管理

针对本隧道地质条件复杂、地应力高、岩爆发生概率大等特点，结合岩爆科研攻关，引进中铁隧道勘察设计院专业队伍进行超前地质预报工作，将超前地质预报纳入工序管理，同时为岩爆预测提供指导。如图8-28所示。

图8-28 现场TSP超前地质预报

本隧道超前地质预报采用以地质分析为基础，物探、钻探相结合，长距离预报与短距离预报相结合的综合超前地质预报方法。各预报方法、手段的选用依据探测对象的特性及探测手段的适用性确定。预报的频率、预报方法的组合依据隧道分段地质条件复杂程度（预报分级）确定，施工中应根据揭露的实际地质条件进行适时调整，实行动态管理。各预报手段前后两次间应有一定的搭界，搭界长度应满足相关规范要求。

（三）取得成效

1. 岩体结构分析和电磁辐射监测相结合的岩爆预测方法

通过在现场测定电磁辐射能量、脉冲，以及工作面岩体结构情况，分别将结果与电磁辐射监测技术和卡姆奇克隧道岩爆发生规律对比分析，从而对岩爆进行综合预测。本技术无需进行大量的地应力测试和数值计算，采用便携式监测仪器，成本低且对施工干扰小，在卡姆奇克隧道各工作面得到了普遍推广使用，该方法能较为准确地对岩体是否发生岩爆、岩爆的模式及强度进行预测，取得了很好的应用效果，为施工安全提供了极大的科学保障。本研究成果的国内外查询结果表明："未见岩体结构分析和电磁辐射监测相结合的岩爆预测方法。"本研究成果在岩爆预测的准确性、便宜性、经济性方面，已经达到世界领先水平。

2. 超前小导管主动控制岩爆技术

超前小导管主动控制岩爆技术，解决了岩爆段开挖后再支护，无法对开挖后就很快发生的岩爆进行主动、及时防治的问题。本技术推导出的拱顶层状岩体脆性折断的临界应力计算公式，从力学上解释了岩爆发生过程及爆坑形态的发展过程，得出了与现场结果一致的结论。本成果查询结果表明："未见提及通过在工作面前方可能发生岩爆部位施做超前小导管对围岩进行超前支护的报道。"本隧道岩爆段长度约33km，在运用该主动岩爆控制技术后，成功地降低了岩爆发生的频率及岩爆烈度，在轻微岩爆和中等强度岩爆主动防治方面，有明显的效果。对同类岩爆项目的施工，有很好的借鉴价值。

3. 应力释放重叠导洞法

应力释放重叠导洞法，通过在工作面交替设置超前小导洞，并进行爆破作业，释放围岩应力。本成果的查询结果表明："未见通过在隧道可能发生岩爆区段工作面（掌子面）前方，交替设置上、下两个有重叠超前小导洞进行超前应力释放的方法。"该方法在卡姆奇克隧道强烈岩爆段施工中，对地应力的释放有明显的效果，能有效的降低岩爆强度，降低安全风险。本方法于2016年8月17日取得了国家发明专利证书《一种释放隧道高地应力岩爆破坏的超前双导洞施工方法》。

4. 水平应力隔断法

水平应力隔断法在卡姆奇克隧道中等、强烈岩爆段运用过程中，可有效降低隧道拱部围岩切向应力，对预防或减弱岩爆的发生有明显效果。该方法通过形成竖向隔断，主要针对水平地应力的释放，具有工作量小、工期短、费用低、施工干扰小等特点。

5. 岩爆段安全快速施工技术

该岩爆安全快速施工技术在卡姆奇克隧道项目得到了广泛应用，取得很好的应用效果。即岩爆预判的准确度明显提高，岩爆防治更有针对性，岩爆段施工安全性明显提高；岩爆得到了有效控制，因剧烈岩爆而停机待避的次数大幅减少，工效明显提高；超前小导管使用后，立防护性钢拱架的地段大幅减少，既节约了材料又节省了立拱架的时间，工效大大提高，成本明显降低。

第二节　工期风险与控制

（一）风险分析

1. 工程规模大，施工组织难度高

卡姆奇克隧道总投资4.55亿美元，是"中亚第一长隧"，由隧道正洞和服务隧道组成，隧道正洞长19.2km，服务隧道长19.268km。隧道正洞与服务隧道之间间隔300m设置联络通道。全隧设置3座斜井辅助正洞施工，其中1号斜井长1532m、2号斜井长3512m、3号斜井长1845m，隧道开挖总长度达47.3km。本项目为EPC设计、采购、施工总承包项目，高峰期开挖作业面达16个，中乌作业人员近2000人，后期机电设备安装与土建施工同步进行，作业面多、工序干扰大、施工组织难度高。

2. 地质条件恶劣，工期履约压力大

作为乌兹别克斯坦国家独立25周年献礼工程，隧道正洞加服务隧道、斜井、联络通道，开挖支护总长度达47.3km，合同工期3年，岩爆频发、7条超长断层等恶劣地质

条件下，工期履约压力巨大。

3. 气候严寒、冬期漫长，施工效率低

隧址区冬季气候严寒，每年11月至次年3月为冬季，5个月漫长冬期。最低温度零下42℃，积雪深度超过2m，雪崩频发，施工效率降低，施工难度加大。

4. 物资匮乏，保障难度大

乌兹别克斯坦当地隧道施工材料短缺，钢材、炸药、防水材料等主要物资均需要从中国、俄罗斯、哈萨克斯坦等周边国家进口。物资供应周期长达45d，清关程序繁琐，效率低，物资供应的超前计划性要求极高。

（二）控制对策

1. 集团高度重视，组建优良施工团队

本项目为中铁隧道局集团独立中标的第一个海外项目，而且是乌兹别克斯坦国家级重点工程，项目中标后集团领导高度重视，决定由海外工程施工经验丰富的集团公司副总工程师担任项目经理，并从全局抽调有经验的管理人员组建项目部，由长大复杂地质隧道施工实力最强的中隧一处和中隧股份两个处参与项目主体工程建设，由集团设计分公司和勘测设计院负责项目设计工作，由机电公司负责机电安装工程，并安排下属四大中心（试验中心、物资中心、设备中心、技术中心）为项目实施提供系统支持。

2. 设备配套齐全，为快速施工提供保证

为确保施工进度和工程质量，发挥机械化施工的优势，集团公司在本项目资源配置上投入了大量大型设备，斜井及主洞开挖全部采用凿岩台车，支护全部采用湿喷机械手作业，安全洞还配备了有轨运输设备。项目总共配置大型施工设备及行走车辆311台套，设备原值17,452.25万元人民币。

3. 国内国外互动，确保施工物资供应

海外工程物资供应是保证项目正常施工的重中之重，由于乌兹别克斯坦市场资源不足，大部分物资需从中国进口，为确保施工物资供应及时，由集团物资中心对项目提供支持，负责国内物资招标、采购及发运工作，项目部物资部对现场所需物资动态管理，提前计划，按需采购。

4. 强化体系建设，为快速施工打下基础

项目部成立之初，项目经理即带领项目团队建立了安全、质量、环保等各项管理体系，编制了涵盖全项目的各项管理制度，最终形成了安－帕铁路隧道项目管理体系，并编印成册，实现了项目管理有据可依，为项目快速施工打下了良好基础。

5. 快速组织进场，为确保合同工期争取时间

项目合同谈判期间集团公司便开始组建项目管理团队，组织人员、设备、物资做进场准备工作，合同签订后1个月内实现主要管理人员、劳务人员、设备及物资到场，2个月实现临建工程施工完成，并实现进洞目标，为确保项目工期打下了良好基础。

6. 组建专业团队，解决现场施工难题

为解决现场施工中的难题，集团公司利用四位一体优势，组建专业团队编制长距离通风方案并现场指导落实，成功的巷道通风方案为快速施工提供了保障；与福州大学联合组建科研攻关团队研究应对岩爆的工艺方法，创造性地提出了超前小导管控制岩爆的施工措施，不仅确保了施工安全，而且为岩爆段快速施工提供了切实可行的工艺措施。

（三）取得成效

通过全方位机械化配套、岩爆科研攻关、方案适时优化、加大考核力度等技术手段和管理手段，在保证安全质量的前提下，创造了服务隧道最高月进度指标281.5m，正洞最高月进度指标342.6m，斜井最高月进度指标325.5m的施工纪录，共用时900d完成总长47.3km（包括主洞、服务隧道、斜井、联络通道）的隧道开挖施工，提前施工组织计划100d。

主隧道铺底于2016年4月25日全部完成，主隧道衬砌于2016年5月5日全部完成，主隧道沟槽于2016年5月20日全部完成。

安全隧道铺底于2016年5月27日全部完成。

安全隧道进口沟槽于2016年3月10日完成，施作单边沟槽长度3194m，用时184d，月均520.8m；出口沟槽于2016年5月11日完成，施作单边沟槽长度4306m，用时67d，月均1928.1m。

第三节　质量风险与控制

（一）风险分析

1. 首个乌兹别克斯坦工程项目，施工环境陌生（含地质、水文、气候、人文、宗教、法律、本地建材供应、本地劳动力供应），无本地施工经验可借鉴，质量验收规范不明确，业主质量标准及期望不了解。

2. 本项目为中亚第一单线特长铁路隧道，隧道线路长（主隧道19.2km；安全隧道19.268km），断面小（主隧道最小断面46m²，安全隧道最小断面 27m²），施工测量精度要求高，测量精度控制难度大。

3. 本隧道穿越地区岩性主要为花岗岩、正长岩，质硬，节理表面光滑，埋深大于200m长度占比89%，最大埋深1275m，高地应力段落长，岩爆频发，隧道开挖后围岩因岩爆剥落频繁发生，且最大爆坑深度可达1m，开挖成形控制较难，初期支护质量控制很难达到表面圆顺，给后续衬砌防排水作业施工造成不小麻烦，质量管控难度大。

4. 施工所在地建材生产工艺落后，当地采购主要建材：水泥强度等级仅相当于国内32.5级水泥，水泥强度等级低，强度增长速度慢，无粉煤灰可采购，混凝土工程质量控制难度大。

5. 施工所在地10月底至次年3月份气温较低，冬期施工时间4～5个月，冬期最低气温可低至−40℃，最大积雪厚度可达2～3m，冬季气温低，冬期施工时间长，施工任务重，冬季混凝土工程质量控制是质量控制重、难点。

6. 现场劳动力配置由乌兹别克斯坦工人和中国工人共同组成，乌兹别克斯坦工人与中国工人比例约为2∶1，局部工序乌兹别克斯坦工人占比更高，组织形式多为一名中国人当班长，带领中乌工人完成工序作业任务。由于乌兹别克斯坦少有隧道建设，几乎所有招用乌兹别克斯坦工人从未参与过隧道修建，作业技能低，加之语言沟通困难，施工质量管控难度大。

（二）控制对策

1. 翻译乌兹别克斯坦主要的设计和施工规范，加强学习。借助代理公司，较深入地了解乌兹别克斯坦质量管理方面的法律法规、施工规范和验收要求，为质量控制做指导。

同时，通过网络学习、市场实地调查、业主帮助、走访本地人、拜访乌兹别克斯坦工作的华侨等多手段快速学习和了解施工环境，快速摸清与施工密切相关的地质、水文、气候、人文、宗教、法律、本地建材供应、本地劳动力供应等环境因素。

2. 针对隧道长、测量短边多的特点，积极落实测量复核制度，督促工区之间交叉换手复核，按要求进行局、处两级精测。

局精测队作为第一级，隧道每掘进1000m进行一次复核，并延伸布置洞内一级控制点；子分公司精测队作为第二级，隧道每掘进600m进行一次复核，并延伸布置洞内二级控制点；工区测量队作为第三级，负责日常施工测量及日常普通控制点的延伸布置和复核，遵循"先全局后细部、先控制点后施工放样"由上至下层层测量把关，保障施工测量精度。

出口工区引进6台激光导向仪，增加开挖精度的同时，减少了测量放样时间。2号斜井和3号斜井，斜井长，井口、井底均为短边，同时斜井内空气、温度、湿度、能见度、气压都不稳定，对仪器的运行有很大的影响，故采用了强制对中措施，把对中误差减到最小。

3. 针对岩爆普遍、节理裂隙发育的特点，为控制好开挖成型，采取了多项措施。项目部开展岩爆科研攻关，根据研究成果采用悬臂小导管进行超前支护，减少岩爆掉块造成的超挖和不平顺。采用光面爆破，当地无竹片，用木片代替进行间隔装药，微差起爆。为减少开挖后围岩松动掉块，及时进行初喷加固围岩，有时不等出碴完，就开始初喷。每2.5～5m一个断面，进行超欠挖检查，对班组进行超欠挖考核。

4. 乌兹别克斯坦水泥厂较陈旧，水泥细度波动较大，水泥运输到现场后，先检验后使用，协助业主督促水泥厂确保水泥质量稳定。针对水泥强度低的特点，采用湿喷机械手进行湿喷，确保初支质量稳定，Ⅱ、Ⅲ级围岩二衬采用纤维混凝土，Ⅳ、Ⅴ级围岩二衬增加钢筋，减少二衬裂纹并确保二衬足够的安全储备。

5. 编制冬期施工方案，确保混凝土质量。冬季场外储备砂石料采取塑料薄膜覆盖，减少含水量；搅拌站料仓采取封闭、加热措施，仓内温度按10℃控制；外加剂按说明书储存于洞内或房间内，避免失效；设置热水锅炉加热搅拌水，根据热工计算和实测温度控制水温；混凝土搅拌、运输采取保温措施，检测记录入模温度，按5℃控制。

6. 中乌工人混编，由中国熟练工人带领乌兹别克斯坦工人作业，加强培训和施工过程检查。

把员工培训贯穿至施工生产全工序和全周期。项目实施初期，人员构成主要为中国员工，大多数项目管理人员和作业工人都是首次走出国门，对所处环境极其陌生，无海外施工和生活经验，缺乏安全感和工作自信心，此时员工培训工作重心主要为：①安抚员工思想，稳定员工队伍，树立员工自信，让每一位敢于出国的中国员工都能安心、自信地生活在异国工地，为各工序施工生产提供坚强的劳动力保障。②对员工进行"关于乌兹别克斯坦国情、宗教信仰、社会治安、法律法规、中乌关系现状、人情社会等培训"，让中国员工尽快熟悉所处施工环境。项目实施中后期，员工构成为中乌员工混编，此时员工培训工作重心主要为：①员工作业技能培训和安全教育培训。要想项目干得好，必须拥有好的项目员工，员工必须拥有过硬的劳动技能，只有通过不间断、由浅入深的作业技能培训和安全教育培训，才能培养出一批优秀的工人骨干，将优秀骨干送至各工序作业班长岗位，由班长传教和手把手地教培养出更多技能过硬的劳动工人。②中乌员工相互交流能力培训。聘请翻译给中国人开展乌语培训班，给乌兹别克斯坦人开展汉语培训班，提高员工相互交流能力，增进员工情谊，更好开展工作。

7. 质量管理作为月度考核的一部分，质量方面正常情况下考核权重占10%，每月末进行质量考核评分，做得好能起到带头作用的可以加分，80分为及格分，得分低于80或高于100时质量考核权重将超过10%。月度考核中质量考核按以下公式计算综合得分：

1）月度考核中质量综合得分=(A–80)/(100–80)×B；

2）A–质量评分表得分（百分制）B–质量考核权重，即10分；

3）月度考核得分大于85分的给予奖励，否则进行罚款。

通过设置本考核规则，确保了现场快速施工时保持质量稳定，对促进质量改进提高也起到一定的作用。

8. 按合同要求，本项目设计、施工参照乌兹别克斯坦规范进行，乌兹别克斯坦规范未规定的，可以参照中国规范执行。为了避免不确定性造成技术风险，项目部组织编制了《安格连–帕普电气化铁路隧道施工图设计原则》《安格连–帕普电气化铁路隧道机电系统施工图设计原则》《乌兹别克斯坦库拉米隧道施工技术指南》，用于本项目的设计、施工指导，锁定技术风险。

本项目业主、监理和施工分别来源于乌兹别克斯坦、德国和中国，国家质量标准差异很大，各国施工工艺不尽相同，为满足各方质量诉求，同时也是为了"干好一个项目，拓展一方市场"，在满足设计参数的情况下，施工工艺及质量要求明确标准的按照明确标准实施，未明确标准的部分参照中国高铁标准执行，提高整体质量水平。

9. 高度重视海外工程防排水施工。每个工区防排水工程均按首件制要求，进行开工前评估、检查。过程控制中，严格执行报检制度，按初期支护面排水板、土工布、防水板、止水带等报检顺序，其中初期支护面检查重点为欠挖、钢筋、锚杆头等处理，测量组在国内每5m断面的基础上，增加到2.5m一个断面，减少盲区造成衬砌欠厚的可能性，同时对欠挖处理完成部位需再进行复测报验。

在排水板的铺设上，采取动态调整的原则，根据开挖过程中围岩完整性及渗水情况，专业人员在初支面上标识出哪些部位需要铺设排水板，动态调整排水板铺设位置，确保排水效果。

在防水板铺设上，首先对每批次进场材料进行焊接试验，主要为防水板与防水板之间、防水板与热熔垫圈之间的焊接温度确定，过程中按确定温度严格现场控制。为避免因岩面不平顺而破坏防水板，岩面尖锐处和洞室棱角处铺设双层土工布和双层防水板。破洞修补外贴双层焊疤。铺设过程中重点检查搭接长度、交叉焊缝质量、防水板破损修补，对检查出需修补部位采用油漆标识，并登记记录，便于交接班人员现场复核，在衬砌模板台车定位前必须完成此段里程防水板修补的报验工作。

止水带搭接处采用止水带打毛后胶水粘接，并用钢筋卡紧。为确保波纹管安装质量，设置波纹管边基台。波纹管横向出水管口处在三通位置设置地锚钢筋，采用铁丝将波纹管捆紧。

（三）取得成效

1. 质量全部合格

现场严格按照设计施工，设计与现场不符的，及时进行了变更设计。各工序通过自检、报监理检查，各分部、分项工程全部一次性验收合格，工程质量始终处于可控状态，最终施工质量合格率为100%，如图8-29、图8-30所示。

图8-29　1号斜井与2号斜井主洞贯通误差控制精准　　图8-30　主隧道衬砌外观质量

2. 贯通误差控制精准

通过采用三级复核、强制对中等技术手段和管理手段，有效保证了特长隧道长大斜井的测量控制精度，在贯通距离最长超过10km（包括斜井长度)的情况下贯通误差均控制在5cm以内，得到德国监理方的高度认可。

3. 全隧无渗漏，混凝土内实外美

高度重视防排水设计施工，通过原材料控制、配合比优化、冬季混凝土施工专项

方案的落实等手段，保证混凝土施工质量满足设计要求。共进行14454组混凝土试件抗压强度和1886组回弹强度检测，强度均满足设计要求。通过断面测量控制（间隔5m一个，对欠挖部分及时处理）确保断面净空尺寸，保证混凝土厚度满足设计要求；及时进行衬砌回填注浆，保证衬砌密实、无空洞。

4. 洞门设计中乌结合，别具一格

结合乌兹别克斯坦民族特色专门对洞门进行了装修设计，充分体现乌兹别克斯坦当地的传统文化，做到中国元素和乌兹别克斯坦元素的完美结合，如图8-31所示。

5. 机电安装整齐划一

严格安装工艺控制，做到"纵看成线、横看成面"。特别是服务隧道电缆支架和灯具的安装，在服务隧道大部分区段没有衬砌的情况下，在"坑洼不平"的墙面上通过采取特殊的工艺措施，保证电缆支架安装后的线性效果，如图8-32所示。

图8-31　隧道洞门

图8-32　机电安装效果

第四节　安全风险与控制

（一）风险分析

1. 岩爆频发，安全风险极高

隧址区地质复杂，最大埋深1275m，埋深超过700m的地段总长达7km。自2014年2月初开始，隧道施工中频繁出现不同程度的岩爆现象，仅中等强度以上的岩爆就达3000多次。现场统计结果（详见图8-33）表明：主隧道、安全隧道、斜井岩爆区段长度分别占总开挖长度的67%、85%和55%。岩爆作为"世界性难题"，严重制约了施工进度，带来了巨大的安全风险。

2. 独头通风距离长，作业环境达标难度大

进出口独头掘进距离达4.3km，斜井独头掘进距离达5.5km，斜井进入正洞后同时需要向4个面通风（图8-34）。如何提高长距离、多方位通风效果，保证隧道内的通风质量，是作业环境达标、确保职业健康的关键。

3. 长大斜井施工，坡度大、风险高

全隧设3座斜井，最长斜井3512m，坡度11.12%。斜井长、坡度接近无轨运输的临界坡率12%，运输困难，施工效率低，安全风险高，如图8-35所示。

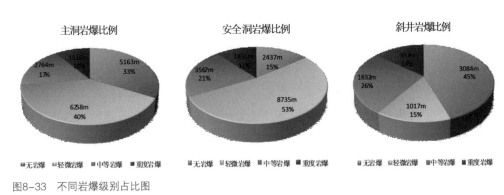

图8-33 不同岩爆级别占比图

图8-34 3号斜井洞口通风管布置

图8-35 2号斜井长大下坡

（二）控制对策

1. 安全管理制度

项目在开工伊始便组织编制了《安全管理计划》，《安全管理计划》结合乌兹别克斯坦法律、法规，从总体安全目标、安全管理风险评估和对策、管理人员和作业人员对应的工作标准及职责、安全管理计划事项及活动频次、作业安全风险告知、安全操作规程和应对措施、施工场所安全须知（劳动纪律）、安全事件应急处置计划、安全防

护标志标识设置标准、安全管理例外事项处置程序、安全培训计划、安全信息传递等多方面对项目安全管理进行全面而又系统地规划，是项目安全管理非常有效的一种制度体系，值得国内项目借鉴。

随着项目进展，为适应项目安全管理需要，项目部补充、修订、完善了《安全检查及奖罚制度》《安全例会制度》《安全教育培训制度》《安全生产费使用制度》《生产安全事故报告调查处理统计制度》《劳动防护用品管理制度》《安全生产责任制及其考核办法》等管理制度。

2. 安全保障措施

为确保项目安全管理目标的实现，项目部从危险源辨识及管控、安全检查、安全教育培训、群众安全监督员、应急救援等方面采取了有力的安全保障控制措施。

1）危险源辨识及管控

危险源辨识及管控工作贯穿项目始终，本项目开始就非常重视危险源辨识及管控工作，建立了危险源管控台账，并根据LEC法对各项危险源进行评级，对危险源进行分级管控，并随季节变化和施工阶段的不同对危险源台账进行适时更新。工区在对危险源辨识、评级的基础上，制定明确的控制措施，并按工序对现场作业人员进行安全交底。

针对本项目的头号重要危险源——岩爆，项目开展了岩爆科研攻关。自2014年2月份2号斜井首次出现岩爆地质灾害，进、出口及1、2、3号斜井工区均不同程度出现岩爆现象。难以预知的岩爆不仅严重影响了项目的施工进度，加大了隧道施工的成本，而且给项目带来了巨大的安全风险。为尽快寻求突破，集团公司总工程师带领多名隧道专家进行现场查勘并于2014年10月20日在项目现场召开乌兹别克斯坦铁路隧道岩爆问题专家会。根据专家会的要求，项目部联合福州大学、技术中心快速成立岩爆攻关小组，并于2014年12月份进驻现场开展工作，经过现场大量反复的试验研究，取得了卓有成效的科研成果，其中利用电磁辐射仪监测数据（强度、能量、脉冲）和掌子面地质观察（岩性、节理、完整性、风化程度等）综合预判前方岩爆和采用超前小导管控制岩爆技术在现场得到广泛应用。

2015年11月，中国中铁副总裁兼总工程师刘辉带领中铁二院岩爆专家再次到我项目现场察看调研，并召开隧道岩爆施工技术研讨会，对我方现场预判岩爆发生及所采取的相应措施予以肯定。

2）安全检查

本项目安全检查采用定期+不定期、综合安全大检查+专项安全检查相结合的方式进行。每周由项目生产经理带队，对生活区、施工现场进行全面的隐患排查，每月项目经理带队，对内业、外业进行全面彻底检查，发现问题立即整改。每月安全工程师不定期地联合设备部到现场对机械设备及临时用电等进行专项安全检查。总计开展各类安全检查100余次，下发各类《安全检查表》《安全隐患整改通知书》及《安全检查情况通报》总计94份，按期整改率达98%以上。

3）安全奖罚

为使得各项安全管理制度做到令行禁止，安全奖罚成为其中不可或缺的部分。在每个月的生产考核中，只要发生重伤安全事故就取消其该月的考核奖励，对责任事故追究其责任人的责任。针对现场因"三违"产生的重大安全隐患坚决予以处罚。

4）安全教育培训

本项目采用多种形式宣传安全，加强员工思想教育培训。通过施工现场悬挂安全警示标语及安全警示牌、不定期在项目宣传栏公布安全奖罚情况、对每一名入场工人进行三级安全教育和安全技术交底、保证每周一次的安全日常教育、每月一次安全生产专题会议、每年不少于一次安全知识警示等活动，不断灌输安全思想、提高安全意识。项目施工过程中，各分部（工区）总计已进行各种培训700余次，培训中乌双方员工总计6000余人次，员工教育培训率达100%。针对项目后期使用较多乌方员工，项目部联合咨询公司安全工程师到现场给乌方员工进行安全教育培训，取得较好的效果。

5）开展安全生产各项活动，不断深化安全管理。

每年6月"安全生产月"期间进行安全宣誓、安全知识竞赛、应急救援预案演练、安全咨询日和安全文化活动周等活动；积极开展"安全警示日和专题活动周"活动，在不同阶段分不同主题进行安全警示日和安全专题活动；积极开展全员安全知识竞赛活动，组织中乌员工进行集中比赛，巩固安全知识，提升安全意识。

6）群众安全监督员

为调动广大一线员工的安全生产积极性，让其在生产第一线起到安全宣传监督和危险识别的良好作用，发现和杜绝安全隐患，本项目的各工区班组中均配有群众安全监督员。为了使群众安全监督员的安全知识水平能够胜任其岗位，项目部编制了《群众安全监督员手册》，手册涵盖了群众安全监督员的职责、施工现场安全常识、隧道作业常见危险因素、现场急救知识、现场机械设备及临时用电安全操作规程、隧道内作业各工序安全注意事项等方面具体内容，并加入了安全漫画和安全警句使得群众安全监督员在学习手册时有更直观的印象及趣味性，同时引发其对安全的思考。

7）应急救援

项目应急管理分三级进行，项目部编制综合应急预案，分部编制专项应急预案，工区编制应急处置措施，按照"统一领导，各司其职；分级管理，分级负责；严谨科学，规范有序；反应快速，运转高效；预防为主、平战结合"的原则进行应急救援处置工作；编制了突发事故应急救援综合预案以及火灾、坍塌、涌水、交通事故、触电等专项预案；储备了应急救援物资，明确安排了应急救援设备机械，在各相关部门张贴事故应急救援及上报流程图、应急就医流程图，确保应急响应畅通、反应及时。

每年初，根据项目进展情况，要求分部对各专项预案进行及时更新，补充完善新危险源的应急预案和应急处置措施，并分别于2014年5月、2015年6月联合乌兹别克斯坦国家军事矿山救援队在东、西口分部举行4次针对塌方、岩爆、人员搜救、医疗急救的大型综合应急演练。演练结束后，对所有参演人员进行总结，指出在演练过程中存在的问题。此后的时间里，分部按照项目部要求，各自对自身存在的不足进行了大大小小数十次的专项演练。如，灭火器使用演练、人员疏散演练、防岩爆落石演练、救护车使用演练等。

3. 技术保障措施

1）特长隧道通风技术

根据设备配置、施工方案、进度计划，编制不同施工阶段通风专项方案，采用压入式和巷道式通风相结合的方法，并根据现场实际情况适时对通风方案进行优化调整，同时设置专业班组加强通风日常管理，解决了特长隧道长距离（超过5km）多作业面通风技术难题，形成了斜井辅助双洞施工的通风方法（该方法获得国家发明专利，专利号：201510724033.5），如图8-36所示。

2）斜井辅助双洞施工的通风方法

根据项目条件，改进了斜井辅助双洞施工的通风方法。在斜井施工阶段和斜井施工完成后并且隧道洞口与斜井间未贯通阶段，在斜井外洞口设置轴流风机，采用独头压入式通风方式，风管伸入到工作面通风；在隧道洞口与斜井间贯通后阶段，隧道洞口与斜井联通采用射流巷道式通风方式，安全隧道与主隧道均为进风通道，斜井为排风通道。该通风方法已获国家发明专利，如图8-37所示、图8-38所示。

采用该通风方法，分阶段地进行通风设备布置，严格进

图8-36　1号斜井交叉口风管布置

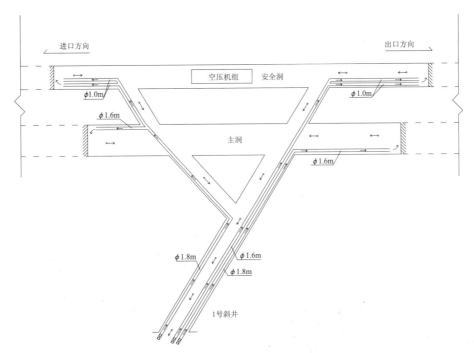

图8-37　1号斜井第二阶段通风布置示意图

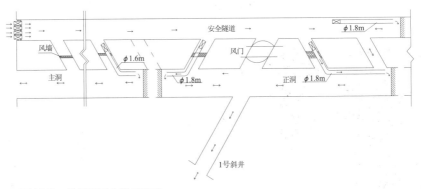

图8-38　1号斜井第三阶段通风布置示意图

行通风设施维护管理，取得了良好的通风效果。在出碴及喷混凝土作业时，洞内CO、SO_2等污染物浓度小于规范要求，O_2供应量满足规范要求。

（三）管理成效

在施工过程中，广泛应用安全标准化管理，建立安全标准化管理体系，严格按照《项目安全管理计划》及国家与公司的相关规定组织施工，从危险源辨识与管控、超前地质预报、通风、安全检查、安全教育培训、群众安全监督员、应急救援等方面为项目施工提供了有力的安全保障。全面落实安全生产责任制，从而实现了安全生产零事故、环境零污染、社会零投诉。

本项目坚守红线意识和底线思维，全面加强项目安全质量精细化管理，以问题为导向，狠抓责任落实和规章制度落实，努力提升现场员工职业操守，夯实项目安全质量基础，在现场安全文明施工、项目形象建设、"三工"建设等方面，均取得了一定成绩，提升了项目安全生产和工程质量水平，展示了"中国中铁"品牌的良好形象。本项目获得2015年度"中国中铁安全标准工地""集团安全文明标准工地"称号，受到中国中铁和集团公司的表彰。具体如图8-39~图8-43所示。

图8-39 安全教育培训

图8-40 安全宣誓

图8-41 洞内辐射与环境监测

图8-42 应急救援演练

图8-43 隧道进口场地绿化

第五节　贯彻节能环保施工理念

施工中严格贯彻"四节一环保"施工理念，隧道进出口及斜井洞口均设置了三级污水沉淀处理池，污水排放满足要求。混凝土喷射采用湿喷工艺。隧道施工全部采用节能照明。洞内施工利用斜井高差，在洞内建立节能高压水池，重复利用洞内地下水。隧道弃碴先挡后弃，洞碴部分加工碎石、路基护坡石材、站场及路基填料。定期对洞内空气质量和花岗岩的放射性进行监测，确保施工人员的作业环境满足要求。

第六节　法律合同风险与防范

（一）关于总统令的生成

为本项目量身定制一个专有的总统令是主合同的一个显著特色，总统令的效力高于乌兹别克斯坦法律，业主在主合同中承诺的主要优惠条件包括各种税费的免除、外国劳务的使用、主材的价格锁定等都需要通过总统令来保证。根据管理顺序，首先应该签订承包合同，然后由业主牵头根据合同约定的优惠条件向相关部委一项项地落实条件，这些部委包括税务总局、财政部、外交部、劳工部、投资贸易部等六个部委，全部通过后形成草稿报内阁批准，最后总统签字颁布。

然而由于总统令形成的特殊流程，承包商无法掌握合同条件是否完整反映到了总统令中，因此在整个总统令生成期间（1~2个月），承包商都安排专人负责与业主一起密切跟踪总统令的各种更新，如有违反随时介入，进行纠正，否则一旦总统令生效，无论业主还是承包商都很难找到补救措施。最终的总统令版本不仅完整反映了合同条件，而且甚至部分条款还有超出合同条件的情况。

（二）关于总统令的执行

即使总统令明确了优惠条件，执行时也不是一帆风顺的。有些语句的描述可能不是非常清晰，定义时由某个部委的专门科室负责，但执行时则落实到另外一个科室，这就牵扯到政府部门内部对总统令的理解不一致。比如，涉及关税的条款由海关总署负责定义，但执行时则由落实进口的海关负责。这不仅牵涉全部免税能否落实到实处，而且清关的及时与否又与现场施工进度密切相关。

承包商安排专人与一个当地的咨询团队配合，随时对总统令的执行提供支持，比如深度介入免税物品清单的制定，随时为清关公司提供支持，以保证清关质量等。

严格来说，总统令提供的优惠条件能否落地属于业主的责任，但承包商不应完全依赖业主，应该发挥主观能动性，能自己解决的就尽量自己解决，否则政府部门之间的官僚扯皮会对项目的成本和执行造成严重的负面影响。

（三）主合同的管理

本项目主合同的一个主要特点是总价包干（设置了几个例外条件），签订合同时地质条件不明确、工程量不固定，合同中列出的地质分类和工程量对计价不具有可操作性。因此，本项目的主合同管理重点从以下3个方面进行了卓有成效的工作。一是通过调整计价方式将大量取消的工程量调整到其他项下，减少工程量不降合同价，尤其是斜井长度减少了1000多米，安全隧道的衬砌工程量减少了2600多万美元，最终都获得了计价。二是充分利用主合同提供的锁定主材价格、完全免税、铁路运输的国民身份等优惠条件，电价、炸药、水泥等主要材料都以低于市场价或者是政府保护价的条件获得了供应，而税费免除则实现了全项目完全没有上交各种税费。三是在履约过程中争取到的其他商务优惠条件也较好地保障了项目的经济效益，比如履约过程中每个季度都可以用一份银行保函置换质保金，项目完工后用一张完整的银行保函置换掉过程保函；利用业主为铁路公司的便利条件，实现了全部乌兹别克斯坦境内的铁路运输享有国民待遇；由业主提供多台发电机以应对频繁的停电等；施工过程中，承包商发起了多项有理有据的索赔，尽管最后都没有获得业主的补偿，但有效对冲了业主以减少工程量为由要求降低合同价格的压力。值得一提的是项目部与监理公司德铁DB也取得了很好的互信，在调整计价方式、加快设计文件的批准、现场HSE监管等方面配合良好，为项目的快速施工提供了良好的监理环境。

（四）内部商务管理

本项目充分发挥中铁隧道局集团在地下工程领域"全产业链"的优势，由集团成立"A"类项目部，赋予项目部最高权威。项目部与中铁隧道勘察设计研究院签订了《勘察设计承包合同》，设计院成立设计分部，工作范围包括勘察设计、测量、可行性研究报告的编制，施工图设计、变更及优化，施工配合、概预算的编制、超前地质预报等；与隧道股份、一处两个施工单位分别签订了《工程施工承包合同》，分别负责隧道进口和出口方向的施工；与四大中心（试验中心、物资中心、设备中心、技术中心）分别签订了《工程材料检验、试验服务合同》《机械设备供应采购合同》《物资采购服务合同》

和《隧道通风服务合同》；与机电公司签订了《隧道机电施工安装合同》。这些内部单位在整个履约过程中，优势互补，配合默契，有力地保障了施工效率，同时对降低履约成本、最大化企业效益发挥了重要作用。

（五）外部商务管理

项目部在成立之初，就编制了商务环境要素管理指南，将相关利益部门和商务要素一一罗列，同时针对性地提出管理策略和应对手段。针对乌兹别克斯坦当地商务要素的管理，则委托了一个当地咨询公司，咨询公司派人进驻现场，对生产全流程进行覆盖，随时查找和发现问题，项目部则由商务部牵头，与咨询公司密切配合，大到总统令的起草和执行，小到交通事故的处理，乃至于项目最后一次审计过关，移交业主，项目部都能应对得当，与这一套商务管理体系是密不可分的。而针对业主高层和监理公司，项目部也制定了管理策略，尤其值得一提的是公司总部领导和施工现场的管理人员也非常配合，完全服从项目部的商务管理指挥，上下一心，为项目履约提供了一个良好的商务环境。

第七节　社会风险与防范

在乌兹别克斯坦时任总统卡里莫夫先生强有力的领导下，国内大街上巡逻警察较多，国内治安状况良好；同时，卡里莫夫先生支持周边国家反恐行动，对待恐怖袭击态度坚决，国内鲜有恐怖袭击发生。

乌兹别克斯坦安全部门为确保项目治安安全，在隧道进出口工地往返的A373公路上设有检查关卡，严禁无关人员出入，同时对现场作业人员出入实行严格管理。同时项目部秉持"路行全球多风险、有备而行方无虞"的原则，积极制定《公共安全事件应急预案》《境外工作公共安全手册》等，指导员工从自身防范意识、防范技能等多方面确保自身安全，并加强和大使馆的工作联系，一旦发生公共事件，及时启动应急预案。所幸，自始至终，项目未发生一起公共安全事件。

第八节　项目文化建设

（一）建设学习型项目，培育优秀管理团队

具体见图8-44～图8-47。

图8-44　全员安全教育培训，精细化管理培训

图8-45　鲁布格水电站和盘道岭隧洞管理经验培训

图8-46　《走向海外项目管理卓越之路》管理讲座

图8-47　项目组织的英语、俄语培训班

（二）党建文化提供坚实保障

具体见图8-48、图8-49。

图8-48　职工民主管理大会

图8-49　群众路线、三严三实、作风建设

（三）落实企业CIS体系，树立工地良好形象

具体见图8-50～图8-55。

图8-50　颁发群众安全管理员证

图8-51　全员安全教育培训

图8-52　迎新茶话会

图8-53　三八节发放纪念品

图8-54　场地规范有序

图8-55　研讨施工方案

（四）大力开展三工建设

具体见图8-56～图8-67。

图8-56　项目驻地

图8-57　工地医药室

图8-58　员工宿舍

图8-59　小卖部

图8-60　员工食堂

图8-61　乒乓球室

图8-62　项目现场员工篮球赛

图8-63　项目现场中秋文艺演出

图8-64　海外"中国年"

图8-65　项目现场员工拔河比赛

图8-66　项目现场中乌员工共庆"那乌鲁兹"节

图8-67　德国总监与当地民众载歌载舞

（五）营造和谐关系、加深中乌友谊

具体见图8-68~图8-72。

图8-68　中国员工到当地的"陕西村"东干村做客

图8-69　乌兹别克斯坦演员到现场慰问演出

图8-70　为乌兹别克斯坦员工颁发上岗证

图8-71　乌兹别克斯坦最高礼仪"送牛"

图8-72　中铁隧道局集团为隧道所在地学校捐资助学

（六）中央媒体对隧道贯通进行系列报道

具体见图8-73~图8-75。

图8-73　《人民日报》和中央电视台对隧道贯通进行报道

图8-74　中央电视台对中方和乌方项目经理进行采访

图8-75　中央电视台记者和项目员工在隧道口合影留念

第九节　属地化管理

中亚地区建筑市场发展状况总体属于中等偏下，劳动力较丰富、薪酬较低（约为中国员工的三分之一），人文理念与中国相近。在中亚地区建筑用工尽量属地化，既有利于有效降低项目用工成本，也可给当地创造就业，同时为所在国相关行业培养地下工程类建筑工人，符合"一带一路"互利共赢的原则；同时在用工过程中可充分展示中国企业良好形象，传播与交流中国人文特色，有助于提升中国国际形象。本项目建设期间高度重视用工属地化管理，成立属地员工管理专项工作组，确定属地用工的工作原则、目标和实施机制，在符合法律规定的前提下结合项目实际制定属地用工管理制度。

（一）深入进行属地用工调查研究

项目进场初期即将属地用工事项列为重要管理议题，通过多种渠道了解属地人力资源的工作特点、招录模式、管理方法和所在国劳动法等相关法律，通过拜访、请教前期在乌中资企业等交流形式，充分收集、整理兄弟单位（企业）在属地用工过程中的实践经验和主要风险等关注点。对属地员工的种族差异、地域文化差异、宗教信仰、教育水平、家庭成员结构、生活收入来源、医疗教育、就业情况、平均工资收入、对雇主的要求等多方面进行调查摸排归类，为项目高效使用属地人力资源奠定了基础。

（二）充分识别项目工作特点，合理设置属地用工结构

用工属地化管理的基本原则是：企业和属地员工相互认可对方的工作文化和传统，属地员工充分理解企业的管理过程是以工作岗位责任为导向，企业充分理解属地员工技能特点并设定合理的工作机制及效率目标。

受项目所在国总体的地下工程偏少影响，当地雇员在入职本项目前基本没有地下工程实践经验，对作业空间较小、空气（通风）照明受限等特点，和工作过程需要相互充分配合、统一合作等要求了解甚少。总体上存在技能偏低、岗位适应期长，在作息时间、休假要求、日常食宿、工作考核等方面的理解与地下工程工作岗位客观需求有较大差异。

在前期的属地员工资源组织上岗过程中，存在着两个方面的难题：中国员工对属地用工存在消极、畏难情绪。项目依据属地人文环境特点对中方的生产经理、分队长、班长等各级管理人员定期进行专题培训，根据不同阶段当地雇员工作及组织过程中发现的新问题进行专项分析，制定针对性改进措施，通过2～3个月使用当地雇工的成本和工效经济对比，各级管理人员深刻认识和体会到用工尽量属地化、大量使用当地雇工的成本优势和必然趋势，由前期的被动推进逐渐转变为队长、班长的主动推进，并主动结合现场施工岗位、工种不断优化中方员工和当地员工配置结构。

本项目施工过程中在非特种岗位（如凿岩台车、湿喷机等）形成每班2～3名中方班组长带领当地雇员进行施工的组织模式。通过强化培训大量使用当地雇员，以现场翻译、运输司机（车辆、装载机）、后勤服务、电焊工、电工（辅助）、机械加工、设备保养（辅助）等岗位为主，隧道内的施工工序以初期支护、二次衬砌、防排水等岗位为主。

项目通过用工属地化管理，使属地用工长期保持在中方员工的80%以上，高峰期达到120%，在节约项目建设成本的同时为当地提供就业岗位（最高达1500人以上），通过两年多的工作实践培养了地下工程行业专业技工，实现了互利共赢。

（三）配置专职当地人事管理经理

项目设置专职的当地雇员行政管理岗位，开展中方现场管理人员培训、当地雇员培训、当地雇员绩效考核、合规管理、日常管理，主要措施有：

1. 对中方的带班人员进行定期培训，要求带班人员充分尊重当地宗教、人文、习俗，严禁在工作和共同生活中谈论、提及宗教禁忌，嘲笑、取笑当地人文风俗和当地

员工的生活习惯，做到相互尊重、纪律严明、人文宽容，使当地雇员能够以受尊重的方式主动融入项目团队努力工作，积极献言献策改进当地雇员管理效果。

2. 对当地雇员进行以技能、职业道德和工作效果为要点的绩效考核。在薪资待遇上实行"基本工资+考核奖金"的形式，基本工资取相对合理的基数，考核占基本工资的50%左右，分A、B、C、D四个档次。C是基本工资，D是减数，A、B是两档奖励。考核结果同样作为当地雇员非正常合同解聘的基本依据。

3. 因地制宜地组织当地雇员庆祝其传统节日，邀请当地雇员共同庆祝中国传统节日；根据现场施工进展需求长远安排当地雇员分散休假计划，以劳逸庆假相结合的原则，减少当地雇员大量集中休假对现场工作的影响。

4. 定期安排中国高技能工人和翻译对当地雇员进行理论和实操培训，并进行技能考核，根据考核情况和实际的工作效果对表现优秀、敬岗敬业的当地雇员，适时调整工作岗位，提升薪资标准。

5. 依法合规进行属地用工管理是有效、有序组织的基础。项目当地雇员人事经理在律师的帮助下，依法依规签订劳动合同，雇员需提供体检证明、退休证、纳税证、护照复印件、毕业证、劳动证、无工作证明、居住证、无犯罪记录证明等多种资料。部分雇员因不同原因无法及时获得当地政府、管理部门的相关证明文件，项目定期组织到雇员居住地向政府申请集中办理，获得当地政府部门和雇员的好评。

（四）建立属地用工基地

中亚国家是"一带一路"的重要节点，为了能够充分契合"一带一路"倡议和当地发展的需要，结合中亚五国具有相近的人文环境、生活习俗、劳动力状况，项目将当地雇员进行建档分类，掌握认同中国管理方式和企业文化，适应企业管理过程的优秀员工信息，并对其进行重点培养、培训，安排部分骨干雇员定期同这些优秀员工保持常态化的联系与沟通，了解其动态和需求，达到"召之即来，来之能干，干之高效"的目标。

依托项目在所在国建立了劳务基地，为后续在中亚地区进行"一带一路"建设培养了大量乌兹别克斯坦翻译和建筑施工技能工人。在项目结束后，部分当地雇员继续为企业后续项目服务，部分当地雇员进入在乌中资企业工作，更多当地雇员将在项目积累的工作、管理和技能经验融入当地相关企业，促进了当地建筑企业的发展。

总体科学合理的属地用工管理探索、岗前岗中培训、过程不断实践，较好地实现了工效可控、工费较低、培养工人的管理目标，真正践行了"一带一路"互利共赢的理念。

第十节　取得成果

（一）项目管理及质量控制

1. 快速施工，成效显著

通过全方位机械化配套、岩爆科研攻关、方案适时优化、加大考核力度等技术手段和管理手段，在保证安全质量前提下，创造了服务隧道最高月进度指标281.5m，正洞最高月进度指标342.6m，斜井最高月进度指标325.5m施工记录，共用时900d完成总长47.3km（包括主洞、服务隧道、斜井、联络通道）的隧道开挖施工，提前施工组织计划100d。

2. 贯通误差，控制精准

通过采用三级复核、强制对中等技术手段和管理手段，有效保证了特长隧道长大斜井的测量控制精度，在贯通距离最长超过10km（包括斜井长度）的情况下，贯通误差均控制在5cm以内，得到德国监理方的高度认可。

3. 全隧无渗漏，混凝土内实外美

高度重视防排水设计施工，通过原材料控制、配合比优化、冬季混凝土施工专项方案的落实等手段，保证混凝土施工质量满足设计要求。共进行14454组混凝土试件抗压强度和1886组回弹强度检测，强度均满足设计要求。通过断面测量控制（间隔5m一个，对欠挖部分及时处理）确保断面净空尺寸，保证混凝土厚度满足设计要求；及时进行衬砌回填注浆，保证衬砌密实、无空洞。

4. 附属工程质量优良

严格按照主体工程标准施工，洞内基底平整，坡度顺畅，曲线圆顺，圬工砌筑稳固、精细，砂浆饱满。隧道内外截排水设施畅通，排水效果良好。隧道内电气化各种吊柱及支持系统等安装牢固，整齐美观，贯通地线布置合理，接地引线安装规范，连接可靠。隧道供电、变电、消防、照明、通信、监控设施齐全完善，性能完好。

5. 贯彻节能环保施工理念

施工中严格贯彻"四节一环保"施工理念，隧道进出口及斜井洞口均设置了三级污水沉淀处理池，污水排放满足要求。混凝土喷射采用湿喷工艺。隧道施工全部采用节能照明。洞内施工利用斜井高差，在洞内建立节能高压水池，重复利用洞内地下水。隧道弃碴先挡后弃，洞碴部分加工碎石，最大限度地用作路基护坡石材、站场及路基填料。定期对洞内空气质量和花岗岩的放射性进行监测，确保施工人员的作业环境满足要求。

6. 中乌结合，洞门设计别具一格

结合乌兹别克斯坦民族特色对洞门进行了装修设计，充分体现乌兹别克斯坦当地的传统文化，做到中国元素和乌兹别克斯坦元素的完美结合。

7. 机电安装整齐划一

严格机电安装的工艺控制，做到"纵看成线、横看成面"。特别是服务隧道电缆支架和灯具的安装，在服务隧道大部分区段没有衬砌的情况下，在"坑洼不平"的墙面上通过采取特殊的工艺措施，保证电缆支架安装后的线性效果。

（二）技术创新及新技术应用

1. 岩体结构分析和电磁辐射监测相结合的岩爆预测方法

通过在现场测定电磁辐射能量、脉冲，以及工作面岩体结构情况，分别将结果与电磁辐射监测技术和卡姆奇克隧道岩爆发生规律对比分析，从而对岩爆进行综合预测。本技术无需进行大量的地应力测试和数值计算，采用便携式监测仪器，成本低且对施工干扰小，在卡姆奇克隧道各工作面得到了普遍推广使用，该方法能较为准确地对岩体是否发生岩爆、岩爆的模式及强度进行预测，取得了很好的应用效果，为施工安全提供了极大的科学保障。本研究成果的国内外查询结果表明："未见岩体结构分析和电磁辐射监测相结合的岩爆预测方法。"本研究成果在岩爆预测的准确性、便宜性、经济性方面，已经达到世界领先水平。

2. 超前小导管主动控制岩爆技术

超前小导管主动控制岩爆技术，解决了岩爆段开挖后再支护，无法对开挖后就很快发生的岩爆进行主动、及时防治的问题。本技术推导出的拱顶层状岩体脆性折断的临界应力计算公式，从力学上解释了岩爆发生过程及爆坑形态的发展过程，得出了与现场结果一致的结论。本成果查询结果表明："未见提及通过在工作面前方可能发生岩爆部位施做超前小导管对围岩进行超前支护的报道。"本隧道岩爆段长度约33km，在运用该主动岩爆控制技术后，成功地降低了岩爆发生的频率及岩爆烈度，在轻微岩爆和中等强度岩爆主动防治方面，有明显的效果，对同类岩爆项目的施工，有很好的借鉴价值。

3. 应力释放重叠导洞法

应力释放重叠导洞法是，通过在工作面交替设置超前小导洞，并进行爆破作业，释放围岩应力的方法。本成果的查询结果表明："未见通过在隧道可能发生岩爆区段工作面（掌子面）前方，交替设置上、下两个有重叠超前小导洞进行超前应力释放的方法。"该方法在卡姆奇克隧道强烈岩爆段施工中，对地应力的释放有明显的效果，能有效地

降低岩爆强度，降低安全风险。本方法于2016年8月17日取得了国家发明专利证书《一种释放隧道高地应力岩爆破坏的超前双导洞施工方法》。

4. 创新了水平应力隔断法

水平应力隔断法在卡姆奇克隧道中等、强烈岩爆段运用过程中，可有效降低隧道拱部围岩切向应力，对预防或减弱岩爆的发生有明显效果。该方法通过形成竖向隔断，主要针对水平地应力的释放，具有工作量小、工期短、费用低、施工干扰小等特点。

5. 岩爆段安全快速施工技术

该岩爆安全快速施工技术在卡姆奇克隧道项目得到了广泛应用，取得很好的应用效果。即岩爆预判的准确度明显提高，岩爆防治更有针对性，岩爆段施工安全性明显提高；岩爆得到了有效控制，因剧烈岩爆而停机待避的次数大幅减少，工效明显提高；超前小导管使用后，立防护性钢拱架的地段大幅减少，既节约了材料又节省了立拱架的时间，工效大大提高，成本明显降低。

6. 斜井辅助双洞施工的通风方法

卡姆奇克隧道项目1号、2号、3号斜井均采用该通风方法，根据工作范围，分阶段地进行通风方法的转换、通风设备布置，严格进行通风设施维护管理，取得了良好的通风效果。在出碴及喷混凝土作业等污染较大的工况下，洞内CO、SO_2等污染物浓度均小于规范要求，O_2供应量满足规范要求，改善了洞内作业环境，为员工的职业健康安全提供了坚实的保证。本方法于2018年取得了国家发明专利证书《斜井辅助双洞施工的通风方法》。

7. 小断面特长隧道运输系统及运输方法

该小断面特长隧道运输系统及运输方法应用于卡姆奇克安全隧道进出口，优化了洞外各功能区、洞内会车区线路布置，减少了轨道铺设长度、道岔设置数量，缩短了运输、卸碴调头时间，较大地提高了运输效率，并降低了成本。

8. 特长单线铁路隧道机械化配套技术

特长单线铁路隧道机械化配套技术应用于卡姆奇克隧道项目，为各工作面配置了适宜的机械组合，并根据应用情况进行了设备适应性改造，充分发挥机械工作效率，减小劳动强度，提高作业效率，降低了综合成本，给项目提前完工提供了必要的设备支撑。

9. 自行式水沟电缆槽台车施工新技术

项目选用自行式水沟电缆台车施工新技术，成功解决了单线铁路隧道宽度限制问题，极大地减少了模板、支撑体系的安装及拆除量，减小了模板及材料损耗，降低了作业强度。同时由于模板台车刚度大，施工方便，明显提高了沟槽的施工质量及施工速度，取得了可观的经济和时间效益。

10. 开展课题研究并形成科技成果

依托本项目开展了《特长单线铁路隧道机械化配套应用研究》《岩爆预测及防治技术研究》，并形成了特长单线铁路隧道机械选型技术、特长单线铁路隧道机械化配套适应性改造技术、特长单线铁路隧道机械化配套技术、特长单线铁路隧道大型机械配套作业定额、卡姆奇克隧道岩爆发生规律与特征、岩爆预测预报技术、岩爆综合防治技术、岩爆安全快速施工技术等一系列科研成果。

（三）获得奖项

1. 鲁班奖

荣获2016—2017年度中国建设工程鲁班奖（境外工程）（图8-76）。

2. 詹天佑奖

荣获第十六届中国土木工程詹天佑奖（图8-77）及詹天佑奖创新集团（图8-78）。

3. 专利及工法

1）专利

获奖名称：一种释放隧道高地应力岩爆破坏的超前双导洞施工方法。

获奖年度：2014年度。

获奖单位：中铁隧道局集团有限公司、中铁隧道局集团科学技术研究院有限公司。

授奖单位：中华人民共和国国家知识产权局。

2）专利

获奖名称：一种主动防治岩爆的超前支护方法。

获奖年度：2016年度。

获奖单位：福州大学。

授奖单位：中华人民共和国国家知识产权局。

图8-76 2016-2017年度中国建设工程鲁班奖证书

图8-77 第十六届中国土木工程詹天佑奖证书

图8-78 第十六届中国土木工程詹天佑奖创新集团证书

3）专利

获奖名称：一种隧道爆破施工中非耦合装药炮孔的注水施工方法。

获奖年度：2014年度。

获奖单位：中铁隧道局集团有限公司、中铁隧道局集团科学技术研究院有限公司。

授奖单位：中华人民共和国国家知识产权局。

4）专利

获奖名称：岩体结构分析与电磁辐射监测相结合的岩爆预测方法。

获奖年度：2016年度。

获奖单位：福州大学。

授奖单位：中华人民共和国国家知识产权局。

5）专利

获奖名称：小断面特长隧道运输系统及运输方法。

获奖年度：2015年度。

获奖单位：中铁隧道局集团有限公司、中铁隧道股份有限公司。

授奖单位：中华人民共和国国家知识产权局。

6）专利

获奖名称：斜井辅助双洞施工的通风方法。

获奖年度：2015年度。

获奖单位：中铁隧道局集团有限公司、中国中铁股份有限公司、中铁隧道股份有限公司。

授奖单位：中华人民共和国国家知识产权局。

7）专利

获奖名称：小断面特长隧道运输系统。

获奖年度：2015年度。

获奖单位：中铁隧道股份有限公司。

授奖单位：中华人民共和国国家知识产权局。

8）工法

获奖名称：特长隧道机械化配套快速施工工法（图8-79）。

获奖年度：2016年度。

获奖单位：中铁隧道局集团有限公司。

授奖单位：河南省建筑业协会。

9）工法

获奖名称：高地应力隧道岩爆预测预报施工方法（图8-80）。

获奖年度：2016年度。

获奖单位：中铁隧道局集团有限公司。

授奖单位：河南省建筑业协会。

4. 科研成果

1）中国铁路工程总公司科学技术奖

项目名称：乌兹别克斯坦安格连－帕普铁路隧道岩爆预测及防治技术（图8-81）。

获奖等级：一等奖。

获奖时间：2019年12月。

2）天津市科学技术进步奖

项目名称：高寒高烈度特长深埋山岭隧道建设关键技术及应用（图8-82）。

获奖等级：二等奖。

获奖时间：2021年5月。

3）重庆市科学技术奖

项目名称：单线铁路特长高地应力岩爆隧道快速施工关键技术（图8-83）。

获奖等级：三等奖。

获奖时间：2021年11月。

图8-79　特长隧道机械化配套快速施工
工法证书

图8-80　高地应力隧道岩爆预测预报施
工方法证书

图8-81　岩爆预测及防治技术（中国铁
路工程总公司科学技术一等奖）证书

图8-82　天津市科学技术进步奖（二等
奖）证书

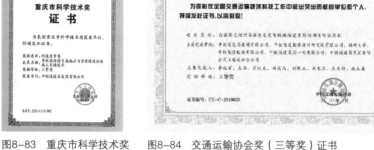

图8-83 重庆市科学技术奖 　图8-84 交通运输协会奖（三等奖）证书
（三等奖）证书

4）交通运输协会

项目名称：乌兹别克斯坦安格连－帕普铁路隧道岩爆预测及防治技术（图8-84）。

获奖等级：三等奖。

获奖时间：2020年2月。

（四）社会效益

乌兹别克斯坦安格连－帕普单线电气化铁路（简称安－帕铁路)是连接中亚和欧洲"新丝绸之路经济带"铁路网重要组成部分，全长122.7km，该项工程是乌兹别克斯坦共和国独立 25 周年政府献礼项目，被称为总统一号工程，其中安－帕铁路卡姆奇克隧道是"中亚第一长隧"，也是乌兹别克斯坦国家铁路网的咽喉所在，为全线控制性工程，为了迎接乌兹别克斯坦建国25周年，实现政府和人民的多年期盼，乌兹别克斯坦政府在国际上经过长时间的多方比选，最终决定将重任交给了他们认为有实力、可信赖的中国企业。2013年6月，在时任乌兹别克斯坦第一副总理和中国驻乌兹别克斯坦大使的见证下，乌兹别克斯坦国铁公司与中铁隧道局集团签订了谅解备忘录，7月双方签订项目设计施工总承包合同，项目开工建设。2013年9月，隧道正式施工。在同时期，习近平主席出访哈萨克斯坦期间，提出了区域经济合作的创新模式，就是"新丝绸之路经济带"的伟大构想。因此，该项目工程成为"新丝绸之路经济带"铁路网的重要组成部分和先期示范工程。

经过中铁隧道局集团千余名员工与乌兹别克斯坦员工一道，用专业的技术实力和不舍昼夜的忘我奋斗，先后攻克了600m破碎大断层、3520m长大斜井施工和近10km的长距离持续岩爆（岩石弹射），没有发生一起安全事故，用中国技术破解了岩爆这一世界级难题。仅用900d时间完成了主隧道、安全洞、斜井及联络通道总计长47.3km的开挖，让隧道贯通日期比原计划提前了近100d，创造了海外隧道施工史上的一个全新纪录，打破了当初欧美公司需要 5 年工期的判定。项目的成功实施受到乌兹别克斯坦总统、总理、国家铁路公司和监理单位德国DBI的高度肯定。乌兹别克斯坦国家电视台、乌兹别克斯坦新闻网、信息网、俄罗斯锐澳网、《东方真理报》等多家国外权威媒体，中央电视台、《人民日报》、新华网等我国媒体多次对该隧道攻克岩爆、涌水、长大断层等技术难题，以及提前贯通进行了跟踪报道。

2016年6月22日17时16分塔什干会议中心，习近平主席同卡里莫夫总统共同触摸启动球，一列涂有乌兹别克斯坦国旗蓝白绿三色的列车驶入隧道，掌声雷动！卡姆奇克隧道的建成通车结束了乌兹别克斯坦铁路出行时绕行第三国的历史，实现了群山阻隔的两地人民几十年的梦想，有力促进了乌兹别克斯坦铁路事业和当地经济社会发展，成为中乌共建"一带一路"互联互通合作的示范性项目。

第三篇

合作共赢与展望

安 – 帕铁路是中乌共建 "一带一路" 的重大成果，也是中乌两国人民友谊与合作的新纽带。卡姆奇克隧道的贯通，极大改善了当地居民的出行难题，实现了群山阻隔的两地人民几十年的梦想，也有力促进了乌兹别克斯坦铁路事业和当地经济社会发展，为 "一带一路" 共建、共享、共赢贡献了中国智慧，成为中国建造 "走出去" 的标志性工程。本篇从项目对当地的发展、中乌合作、展示企业品牌、推动两国经贸合作等方面对项目对两国政治、经济及民生方面的意义及影响进行了简要阐述并对两国下一步合作提出展望。

The Angren–Pop Railway is a major achievement of the joint efforts for the promotion of the "Belt and Road Initiative" by China and Uzbekistan, as well as a new bond of friendship and cooperation between the people in the two countries. With the completion of the Qamchiq Tunnel, the travel experience of local residents has been greatly improved, the decades-long dream of people in two places separated by mountains has been realized, and the railway industry and local economic and social development of Uzbekistan have been promoted. We contributed Chinese wisdom to the joint contribution, shared benefits and win-win results of the Belt and Road Initiative, and the Qamchiq Tunnel Project has become a landmark project of "going global" in respect of China's construction. In this part, the significance and influence on the politics, economy, and people's livelihood in China and Uzbekistan are introduced in aspects of the local development, the China-Uzbekistan cooperation, the demonstration of Chinese brand, and the promotion of economic and trade cooperation between the two countries, and the future cooperation between the two countries is prospected.

Part III

Win-Win Cooperation and Prospects

第九章　政治、经济及民生方面的意义及影响

Chapter 9　The Significance and Influence of Political, Economic, and People's Livelihood

安－帕铁路是中乌共建"一带一路"的重大成果，也是中乌两国人民友谊与合作的新纽带。卡姆奇克隧道的贯通，极大地改善了当地居民的出行难题，实现了群山阻隔的两地人民几十年的梦想，也有力促进了乌兹别克斯坦铁路事业和当地经济社会发展。为"一带一路"共建、共享、共赢贡献了中国智慧，成为中国建造"走出去"的标志性工程。

第一节　促进当地稳定发展

乌兹别克斯坦东北部的费尔干纳盆地物产丰饶，全国约三分之一人口生活在这个面积不到2万km²的盆地内。由于盆地与首都塔什干没有直通铁路，公路路况较差且受气候影响较大，当地居民往往只能绕经邻国前往塔什干。卡脖子工程长19.2km的卡姆奇克隧道的建成通车，解决了人们的出行问题，同时也是保证乌兹别克斯坦国家政局稳定的需要。

第二节　密切中乌友好合作

2016年6月22日，正在乌兹别克斯坦首都塔什干出席上合组织国家首脑峰会的习近平主席等党和国家领导人，与时任乌兹别克斯坦总统卡里莫夫一道，出席了安－帕铁路卡姆奇克隧道通车视频连线活动。习近平主席和卡里莫夫总统共同按下隧道通车按钮，伴随着一声汽笛长鸣火车驶出隧道，会场和现场沸腾了，乌兹别克斯坦举国沸腾了。中铁隧道局集团党委书记、董事长于保林和乌兹别克斯坦铁路公司主席拉曼托夫，通过视频向两国元首报告隧道建设情况，卡姆奇克隧道享誉全国、名满中亚。中乌主流媒体在通车期间共发稿1000余篇次，引起了中乌社会强烈反响，聚焦中铁隧道局集团采用"中国技术"，按照"中国标准"，创造了"中国速度"，极好地展示了中国企业和中国隧道的品牌形象。

民心相通是"一带一路"建设的社会根基，这是比设施互联更重要的意义所在，在建设卡姆奇克隧道的同时，也在传承和弘扬丝绸之路的友好合作精神。项目部先

后向邻近工地的中小学捐建教学用具和生活设施，受到当地政府、媒体和民众的高度好评。项目加强与中方驻乌机构、乌兹别克斯坦相关机构的友好互联，为项目建设营造了良好的氛围。施工过程中，人性化的人文关怀、无微不至的生活关心让来自两国的工人心意相通，和睦相处。中乌员工相互协作，共同进步，建立起了珍贵的友谊。每年的古尔邦节、纳乌鲁斯节，当地政府和业主会带着丰盛的酒菜和精彩的歌舞来到项目慰问中乌双方员工；每逢中国的中秋、国庆、春节等传统节日，项目也邀请业主和当地雇员一起分享节日的快乐，中乌合作的友谊通过隧道的延伸而日益醇厚。

第三节　展示中企品牌影响

卡姆奇克隧道从项目签约，到攻坚克难，再到胜利通车，中国企业的速度、技术和品质，完全满足并超越了乌兹别克斯坦政府和业主的期望，自始至终都获得了各方的良好赞誉。乌兹别克斯坦时任总统卡里莫夫在几年的全国新年献词和数次的内阁经济会议上为项目点赞。乌兹别克斯坦时任总理、继任总统米尔济约耶夫先后四次到工地视察慰问，称赞中铁隧道局集团有专业、能担当，期待双方长期深入合作。乌兹别克斯坦时任国铁公司董事长、继任国家第一副总理拉曼托夫表示，我被尊敬的中国合作伙伴处理不可预见情况的决策能力、团队精神和敬业精神深深感动。项目总监德国人尚斯表示，光明总是在那隧道的尽头，卡姆奇克隧道让监理和业主共同见证了中国技术打破黑暗、迎来光明的完美表现。时任中国驻乌兹别克斯坦大使孙立杰表示，卡姆奇克隧道项目是中乌产能合作的典范，是中企在乌的一张名片、一个标杆、一面旗帜。

2017年隧道通车一周年之际，中铁隧道局集团公司总工程师洪开荣被邀请到央视中国首档青年电视公开课《开讲啦》，向全国观众讲述卡姆奇克隧道的传奇故事。2018年卡姆奇克隧道获得中国建筑工程鲁班奖，通车两周年前夕人民日报记者"行走一带一路"还专题报道了《900天奋战成就900秒奇迹》。2019年3月，时任国务委员、外交部部长王毅在两会纵论中国大外交，专门提到中国建设卡姆奇克隧道的历程和作用。2020年央视记者再访卡姆奇克隧道，当地人民都会由衷地说道："谢谢中国！"

第四节　推动两国经贸合作

自2016年6月习近平主席对乌兹别克斯坦进行国事访问期间，同乌兹别克斯坦首任总统卡里莫夫共同决定把中乌关系提升为全面战略伙伴关系，中乌两国关系发展进入了快车道。2017年5月，乌兹别克斯坦现任总统米尔济约耶夫对中国进行国事访问并参加"一带一路"国际合作高峰论坛，与习近平主席等党和国家领导人举行会晤并达成多项共识，两国关系进入全新阶段。

第十章　合作共赢与展望
Chapter 10　Cooperation Win-Win and Outlook

中乌两国自古以来交往密切，有着互通有无、互学互鉴的悠久历史和优良传统。1992年1月2日建交后，特别是进入新时代以来，两国政治互信日益增强，务实合作不断拓展，两国经贸合作和共建"一带一路"取得了丰硕成果。

政策沟通不断深化。30年来，两国始终将政策沟通作为务实合作的重要前提，积极构建多层次政府间交流机制，加强发展政策对接，签署了一系列政府间文件，包括经济贸易协定、投资保护协定、避免双重征税和偷税漏税协定，共建"一带一路"合作文件、建设中小型电站合作协议、电子商务合作备忘录等多项文件，持续推动政策协调，深化利益融合。目前，两国有关部门正在加快商签政府间中长期经贸和投资合作发展规划、矿产资源、绿色发展和数字经济合作备忘录等文件，进一步加强发展对接，推动中乌经贸务实合作行稳致远。

设施联通扎实推进。30年来，两国一直将设施联通作为务实合作的重要基础，坚定不移推动基础设施互联互通，中国–中亚天然气管道3条管线全部过境乌兹别克斯坦，截至2021年12月底，已累计接输天然气超过3650亿标方，为中国与中亚能源合作发挥了积极作用。2016年2月双方合作建成了中亚第一长隧道"安格连–帕普"铁路隧道，成为连接中国与中亚交通走廊的新枢纽。2018年3月中吉乌公路正式通车，实现了两国货运路线多元化。目前，双方正会同相关方面积极研究探讨修建中吉乌铁路问题，以进一步夯实设施联通的合作基础。

经贸合作快速发展。30年来，两国高度重视经贸合作对双边关系的重要推动作用，使经贸务实合作不断深化。2021年1～11月，两国贸易额达71.4亿美元，相比建交之初增长超过130倍。自2016年起，中国已连续5年保持乌兹别克斯坦第一大贸易伙伴国和第一大出口目的国地位。同时，中国还是乌兹别克斯坦主要投融资来源国。据乌兹别克斯坦不完全统计，目前在乌兹别克斯坦中企超过1900家，中国对乌兹别克斯坦累计投融资超过百亿美元，涉及油气、电力、纺织、建材、农业等诸多领域。双方在共建"一带一路"框架内紧密合作，利用中国政府优买资金实施了德赫卡纳巴德钾肥厂、昆格勒碱厂、纳沃伊PVC、烧碱和甲醇生产厂以及若干泵站、小水电站等一系列标志性合作项目；中企在乌兹别克斯坦投资建成了鹏盛工业园、安集延产业园、利泰国际纺织厂、华新吉扎克水泥厂、明源丝路玻璃厂等一大批项目，还积极参与乌兹别克斯坦清洁能源、渠道修复、公路重建、铁路电气化、智慧农业和现代通信等项目，创造了大量就业岗位，有效促进了乌兹别克斯坦经济发展，给两国人民带来了实实在在的好处。

　　当前，中乌两国均处于前所未有的历史机遇期，都担负着改革发展和谋求复兴的历史使命。站在新的历史起点上，中国将同乌兹别克斯坦一道，继往开来，进一步深化理念交流，加强共建"一带一路"倡议和"新乌兹别克斯坦"规划对接，积极落实两国领导人达成的系列共识，加快商签一揽子合作规划，聚焦数字、绿色、矿产和民生等重点领域合作，推动中乌经贸合作提质升级，推动中乌共建"一带一路"高质量发展，携手共创丝绸之路新辉煌。

第十一章　项目成果展示
Chapter 11　Display of Project Results

第一节　机械化配套

具体见图11-1~图11-6。

图11-1　三臂凿岩台车

图11-2　重型运输自卸车

图11-3　重型装载机

图11-4　德国进口挖装机

图11-5　有轨运输

图11-6　湿喷机械手

第二节　攻坚克难

　　具体见图11-7～图11-12。

图11-7　前期集装箱临时住宿

图11-8　前期临时灶台

图11-9　现场工人淋水作业

图11-10　隧道施工区域发生雪崩

图11-11　前期露天食宿

图11-12　冒雪作业

第三节　岩爆攻关

具体见图11-13~图11-16。

图11-13　岩爆监测

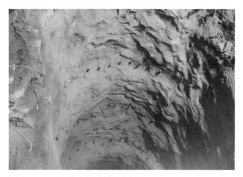

图11-14　超前支护控制岩爆

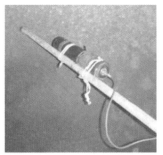

图11-15　岩爆监测传感器

图11-16　局总工程师现场岩爆培训

第四节　质量控制

具体见图11-17~图11-22。

图11-17　施作洞口大管棚导向墙

图11-18　隧道光爆效果

图11-19 喷射混凝土效果

图11-20 防水板铺设效果

图11-21 隧道衬砌

图11-22 洞口施工场地

第五节　施工通风

具体见图11-23~图11-26。

图11-23　斜井内通风管布置

图11-24　洞口通风管布置

图11-25　斜井与正洞交叉口通风管布置

图11-26　作业面通风效果

第六节　全隧贯通

具体见图11-27~图11-29。

图11-27　中乌参建员工共庆隧道贯通

图11-28　乌兹别克斯坦铁路公司董事长宣布贯通

图11-29　车队首通隧道

第七节　铺轨贯通

具体见图11-30～图11-33。

图11-30　轨排作业进入隧道

图11-31　铺架机进入隧道

图11-32　按乌兹别克斯坦风俗进行轨通祭拜

图11-33　现场庆祝轨道铺通

第八节　机电安装

具体见图11-34～图11-39。

图11-34　隧道内管线布置

图11-35　电器控制柜

图11-36　隧道消防装置

图11-37　隧道内通风机布置

图11-38　泵房管线布置

图11-39　机电设备控制机房

第九节 隧道洞门

具体见图11-40、图11-41。

图11-40 卡姆奇克隧道进口

图11-41 卡姆奇克隧道出口

第十节 通车典礼

具体见图11-42~图11-46。

图11-42 列车驶出隧道进口

图11-43 列车驶出隧道出口

图11-44　中铁隧道局集团领导和参建员工合影

图11-45　乌兹别克斯坦政府部门领导在隧道进口合影留念

图11-46　中乌人民现场见证两国元首共同按下隧道贯通按钮

参考文献

[1] 国家铁路局. 铁路隧道设计规范：TB1003—2016 [S]. 北京：中国铁道出版社，2016.

[2] 中国铁路总公司. 高速铁路隧道工程施工技术规程：Q/CR-9604—2015 [S]. 北京：中国铁道出版社，2015.

[3] 洪开荣. 我国隧道及地下工程近两年的发展与展望[J]. 隧道建设，2017，37(2)：123-134.

[4] 洪开荣. 我国隧道及地下工程发展现状与展望[J]. 隧道建设，2015，35(2)：95-107.

[5] 袁真秀，贾祥雨，孙中科. 乌兹别克斯坦安帕铁路卡姆奇克隧道工程地质勘察研究[J]. 现代隧道技术，2021，58(2)：158-165.

[6] 李红军，郭志武，刘洪震. 安帕铁路隧道强烈岩爆段施工处理技术[J]. 隧道建设，2015，35(S2)：63-67.

[7] 王华. 隧道洞口雪崩防治方案探讨[J].隧道建设，2019，39(4)：642-650.

[8] 刘成禹，罗洪林，李红军，等. 岩脉型岩爆的形成机制及控制技术——以乌兹别克斯坦卡姆奇克隧道为例[J]. 岩土力学，2021，42(5)：1413-1423

[9] 刘成禹，李红军，吴吟. 卡姆奇克隧道岩爆的力学机制及主动防控技术[J]. 岩石力学与工程学报，2020，39(5)：961-970

[10] 刘成禹，李红军，余世为，等. 岩体结构分析与电磁辐射监测相结合的岩爆预测技术——以乌兹别克斯坦卡姆奇克隧道为例[J]. 岩石力学与工程学报，2020，39(2)：349-358

[11] 邓伟，刘成禹，李红军，等. 乌兹别克斯坦甘姆奇克隧道岩爆特点及其形成机制[J]. 隧道建设，2016，36(3)：275-281.

[12] 王天舒，刘成禹，李红军. 乌兹别克斯坦卡姆奇克隧道岩爆段的围岩特点[J]. 水利与建筑工程学报，2017，17(2)：206-210+215.

[13] 刘一，谢大文. 乌兹别克斯坦Qamchiq特长铁路隧道缩短工期方案探讨[J]. 隧道建设，2016，36(5)：600-605.

[14] 谢大文，刘一，王华. 单线铁路隧道机械化配套方案在乌兹别克斯坦安帕铁路隧道的实践应用[J]. 隧道建设，2015，35(S2)：181-186.

[15] 张忠爱，熊文安，敬桂蓉. 甘姆奇克隧道施工通风测试研究[J]. 隧道建设，2017，37(8)：958-965.

[16] 焦雷，邹翀，李红军，等. 微上台阶开挖法在甘姆奇克隧道岩爆段的应用[J]. 隧道建设，2016，36(10)：1263-1268.

[17] 熊文安. 有轨运输在钻爆法小断面特长隧道安革连琶布铁路安全隧道施工中的技术运用[J]. 隧道建设，2015，35(S2)：97-100.

[18] 翟志恒. 安琶特长隧道施工通风技术[J]. 隧道建设，2015，35(S2)：127-130.

[19] 李京京. 乌兹别克斯坦隧道工程引发的思考[J]. 国际工程与劳务，2018，(1)：35-36.

[20] 陈宗基. 岩爆的工程实录、理论与控制[J]. 岩石力学与工程学报，1987，6(1)：1-18.

[21] 钱七虎. 地下工程建设安全面临的挑战与对策[J]. 岩石力学与工程学报，2012，31(10)：1945-1956.

[22] 何满潮，谢和平，彭苏萍，等. 深部开采岩体力学研究[J]. 岩石力学与工程学报，2005，24(16)：2803-2813.

[23] 何满潮，苗金丽，李德建，等. 深部花岗岩试样岩爆过程实验研究[J]. 岩石力学与工程学报，2007，26(5)：865-876.

[24] 何满潮，钱七虎. 深部岩体力学基础[M]. 北京：科学出版社，2010.

[25] PETER K, KAISER, CAI M. Design of rock support system under rockburst condition[J]. International Journal of Rock Mechanics and Mining Sciences, 2012, 4(3)：215-227.

[26] 谭以安. 岩爆特征及岩体结构效应[J]. 中国科学：B辑 化学 生命科学 地学，1991，(9)：985-991.

[27] 冯夏庭，陈炳瑞，张传庆，等. 岩爆孕育过程的机制、预警与动态调控[M]. 北京：科学出版社，2013.

[28] 张镜剑，傅冰骏. 岩爆及其判据和防治[J]. 岩石力学与工程学报，2008，27(10)：2034-2042.

[29] 谷明成，何发亮，陈成宗. 秦岭隧道岩爆的研究[J]. 岩石力学与工程学报，2002，21(9)：1324-1329.

[30] 徐林生，王兰生. 二郎山公路隧道岩爆发生规律与岩爆预测研究[J]. 岩土工程学报，1999，21(5)：569-572.

图书在版编目（CIP）数据

最长的梦想隧道：乌兹别克斯坦卡姆奇克铁路隧道 =
The Longest Dream Tunnel：Qamchiq Railway Tunnel
in Uzbekistan / 洪开荣，李红军主编 . —北京：中国
建筑工业出版社，2023.8
（"一带一路"上的中国建造丛书）
ISBN 978-7-112-28911-0

Ⅰ.①最… Ⅱ.①洪… ②李… Ⅲ.①铁路隧道—隧
道工程—对外承包—国际承包工程—工程设计—中国
Ⅳ.① U459.1

中国国家版本馆CIP数据核字（2023）第126092号

丛书策划：咸大庆　高延伟　李　明　李　慧
责任编辑：仕　帅　李　慧　吉万旺
责任校对：李美娜

"一带一路"上的中国建造丛书
China-built Projects along the Belt and Road
最长的梦想隧道——乌兹别克斯坦卡姆奇克铁路隧道
The Longest Dream Tunnel:
Qamchiq Railway Tunnel in Uzbekistan
洪开荣　李红军　主编
*
中国建筑工业出版社出版、发行（北京海淀三里河路9号）
各地新华书店、建筑书店经销
北京海视强森文化传媒有限公司制版
临西县阅读时光印刷有限公司印刷
*
开本：787 毫米 × 1092 毫米　1/16　印张：14¼　字数：268 千字
2023 年 9 月第一版　2023 年 9 月第一次印刷
定价：**158.00 元**
ISBN 978-7-112-28911-0
（40773）